温度と熱のはなし

科学の眼で見る日常の疑問

稲場 秀明

大学教育出版

まえがき

私たちは「風邪をひいて39℃の熱が出た」などと表現します。ここで、℃は温度の単位、熱はエネルギーの単位を持つので、39℃の熱とはおかしな表現です。その表現を解釈すると、「私たちの平熱は約37℃であるが、風邪のウィルスに対抗するために脳の視床下部から司令が届いて、体温の設定を39℃に変更したために体内で熱が発生した」となります。

このように、温度と熱とは互いに関係しています。熱とは温度の高い部分から温度の低い部分に移動するエネルギーのことをいいます。

熱の伝わり方は熱伝導率の大きさによって決まります。ダイヤモンドや金属などは熱伝導率が大きく、発泡ポリスチロールなど断熱材と呼ばれるものは熱伝導率が小さいです。空気の熱伝導率は断熱材と同程度ですが、対流による熱の移動があります。真空状態にすれば（魔法瓶など）、伝導や対流による熱の移動をほぼゼロにできますが、真空状態でも光（放射）による熱の移動は避けられません。住居の省エネを進めるために断熱という考え方と遮熱という考え方とがあります。このうち遮熱は夏の日光を遮るための方策です。

ほとんどの物質は温度が上がるにつれて膨張します。温度が上がると物質の原子や分子の熱運動が激しくなり、その占有体積が増すからです。窓ガラスなどに使われるソーダガラスは熱膨張率が大きいですが、耐熱ガラスは熱膨張率を小さくしたものです。通常は材料の熱膨張は避けられませんが、精密光学部品などでは寸法の温度による変化を避けたい場合があります。そのため、負の熱膨張を示す物質との混合で、温度変化をほぼゼロにした材料があります。

水は熱的性質という観点から見れば、とても不思議な物質です。水が凍ると体積が膨張する、水の密度が4℃で最大になる、水は温かくなりにくく冷めにくい（熱容量が特別に大きい）などの現象は他の物質には見られないものです。ここでは、その不思議な性質を示す原因について考えます。

植物は暑くても場所を移動することができないので、特別の暑さ対策が必要です。また、高い木のてっぺんまで水を運ぶ機能、サボテンが水の乏しい環境を生き残る術、光合成における太陽エネルギーの利用方法について述べます。

極寒の地に生きる北極グマ、灼熱の砂漠に生きるラクダの寒さや暑さに対処する方法、動物界きっての汗かきである人間の体温調節術、恒温動物と変温動物の環境への適応の仕方について述べます。

本書は、風邪を引くとなぜ発熱するか、金属はなぜ触ると冷たいか、冷蔵庫で作った氷に触るとなぜ指にくっつくか、セーターはなぜ温かいか、鉄は燃えるか、木陰はなぜ涼しいか、など温度と熱に関する93の疑問をとりあげています。このような日常のちょっとした疑問や普段何気なく見過ごしている問題を、科学の眼で見ることを意図しています。ところが、日常の身近な現象は、簡単なようで、説明が困難である場合が多いようです。そのような現象に対する説明をなるべく分かりやすく、高校生程度の知識で分かるように、なおかつなるべく原理にまで遡って解説することを試みました。

また、疑問形で書かれた問題に関して解説していますが、初めから順に読み進めても良いし、関心がある話題について拾い読みしても良いようになっています。したがって、どこから読み進めても結構です。解説の終わりには「まとめ」が数行で書かれています。疑問形で書かれた問題に関する回答を自分で考えて「まとめ」を読んで比較するのも良いし、解説を読んで自分が理解した内容を「まとめ」と比較してみるのも良いかも知れません。

若者の読書離れ、理科離れがいわれる今日、日常の何気ない現象に目を留め、「なぜ？」という疑問を持つこと、そして子どもが発信してくる疑問に大人が答えることが求められます。その答え方しだいで子どもたちは自然や身近で経験する現象に対する関心を深め、好奇心を広げ、世界の広がりと奥深さを感ずるに違いありません。

筆者が「温度と熱」に対する問題意識を持ったのは、1967年にブリヂストンタイヤに入社し、当時の新ゴムであった「EPTの結晶性」というテーマに取り組んだことがきっかけです。どの分析機器を用いてもEPTの中の微結晶を検出できませんでした。ところが、当時の最新の熱分析機器であるDSC（p.214のコラム参照）を用いると、初めてそれが検出できました。その後、名古屋大学での高温熱容量測定、川崎製鉄での熱力学データベースの利用、千葉大学での熱膨張率測定と超高感度DSCの開発など熱測定と熱力学データの利用という分野で仕事をしてきました。その間、日本熱測定学会の諸兄姉の皆さんとの交流の中で、主として学問的な領域における「温度と熱」に取り組み、関心を広げてきました。そういう意味で、本書を世に出せるのは日本熱測定学会の諸兄姉の皆さんのお陰であると思い感謝する次第です。

一方では、専門家から見た「日常の疑問」という視点は、専門家自身の考え方に大きく依存するようです。筆者が工学部に所属していた当時は、自分の専門の延長として「日常の疑問」をとらえていたので、ついつい説明が難しくなるか、狭くなりがちでした。ところが、転職して教育学部に所属するようになってからは、自分の専門にとらわれるのではなく、世の中のいろんな層の人々に理解が得られる必要性を感じるようになりました。いくら立派な説明ができるとしても、聞き手がなるほど面白いと感じてくれなかったらその説明が生かされません。筆者が在職当時の千葉大学教育学部の稲場研究室では「誰でも感ずるような疑問」を取り上げ、それを深く掘り下げた上でやさしく説明することを心がけていました。そういう意味で、問題意識を共有した当時の共同研究者であり現在千葉大学教育学部准教授の林英子さんおよび当時の学生諸君に感謝したいと思います。

本書の出版を認め編集にも携わって下さり有益な助言を頂いた（株）大学教育出版の佐藤守氏に深く感謝したいと思います。

本書は、筆者の妻である稲場由美子に捧げたいと思います。筆者の「温度と熱」に対する問題意識の歴史は、彼女と一緒に歩んだ期間とほぼ重なります。彼女と最初に出会ったのは1967年の晩秋でしたが、その頃ブリヂストンの新入社員であった筆者はDSCを用いてEPTの結晶性の問題に取り組んでいました。そういう出会いを含めて、この50年間の歩みを振り返るとき、深い感慨があります。

2017年12月

稲場　秀明

温度と熱のはなし
——科学の眼で見る日常の疑問——

目　次

第1章

温度測定

この章では、温度には最低から最高までどこまであるかを示し、温度測定の原理を示す。よく使われる液体温度計から、精度が高い抵抗温度計、用途が多い熱電対、光を感知して温度を測る放射温度計、サーモグラフィー、耳式体温計についても述べる。

第1話

なぜ温度計で温度が計れるか？

私たちは日常暑い、寒いなどと言っているが、温かさの度合いを数量的に表したのが温度計である。日常よく使われる温度の単位は摂氏温度（℃）で、1気圧での水の凝固点を0℃、沸点を100℃として、この間を等間隔で目盛ったものである。その目盛りとしてよく用いられるのは、アルコールや水銀などの液体で、それらの体積が温度に対してほぼ直線的に上昇するからである（今日のアルコール温度計には、着色したペンタンやトルエンなどが用いられている）。液体の体積が温度に対して直線的に増える理由は、液体を構成する分子の温度が上昇すると熱運動が活発になって、分子間の平均距離が長くなるからである。この体積の増大は微小であるが、ガラス管がとても細いので温度が感度良く測定できる。水銀温度計は－30～300℃の範囲の温度が測定できる。アルコール温度計は－20～50℃の範囲の温度が測定できるが、トルエンやペンタンを封入したものは－100℃程度の低温の温度測定も可能である。

水銀体温計は温度が上がると水銀柱が上がるが、そのままだと下がらないように設計されている。最高温度を知りたいので、体から外して体温を読むまでに表示が変らないようにしている。水銀だめの上に細くくびれた部分があり、水銀だめの水銀の体積が減ると、水銀柱の水銀とくびれた部分で切れて、水銀柱の部分はそのままになる。強く振ると遠心力でまた水銀だめの水銀と水銀柱の水銀がくっつき再び測定できる状態になる。振ると実際に温度が下がるわけではない。

サーミスタとよばれる素子は温度によってその抵抗値が変化する。変化の度合いが既知であれば、その抵抗を測定することにより温度が求められる。白金抵抗温度計も同じ原理で、白金の自由電子が熱を運ぶが、熱運動が激しくなると自由電子が散乱されて抵抗が大きくなることを利用して温度を測定する。熱電対は成分の違う合金線を溶接すると、その溶接部の温度が上がると起電力差が生ずることを利用する。CA（クロメル－アルメル）熱電対では800℃程度まで、Pt-PtRh（白金－白金ロジウム）熱電対では1400℃程度まで、W-WRe（タングステン－タングステンレニウム）熱電対では酸素雰囲気では酸化されるため使えないが、真空中や不活性ガス中では2800℃程度まで測定可能である。サーミスタ、白金抵抗温度計、熱電対などの温度に対応する起電力を用いてデジタルの温度表示したものはデジタル温度計とよばれる。

高温では測温したい物体と測定素子が接触しない（非接触の）放射温度計が使われる。高温物体が赤く見え、さらに高温になるとそれが青みがかって見える。この測定原理は物体から放射される光の強度と絶対温度とが数式で関係づけられていることである。ただ、この温度計では測温対象の放射率（表面状態）によって数値が変わるので補正をする必要がある。

液体温度計、抵抗温度計、熱電対を含めて、物質の性質が温度に対して変化することを利用して温度を目盛っているので、中間の温度では温度計により値が微妙に異なる。このような温度計を二次温度計とよぶ。

一次温度計とは、熱力学温度と直接対応する物理量を測定することで温度が決定される温度計のことで、温度標準の決定に用いられる。理想気体では圧力を一定にしたときの、体積と温度の関係をグラフにすると、直線（PV=nRT）が得られる。この直線を温度のマイナス方向に延長すると、－273.15℃で体積がゼロになる。この温度を絶対零度といい、低温の限界で0K（ケルビン）と表す。ケルビン温度の0K（絶対零度）が－273.15℃となる。

まとめ　アルコール温度計などの液体温度計は、温度が上がると体積が比例して増えることを利用し、水の凝固点を0℃、沸点を100℃として、この間を等間隔で目盛った。サーミスタや白金は温度によって抵抗値が変化するので抵抗を測定して温度が得られる。熱電対は組成が違う二本の合金の間に発生する熱起電力の温度変化から温度を得る。放射温度計は測温体から発生する光の強度を測定して温度を得る。

第2話

最も低い温度と高い温度はどこまであるか？

温度とは、物質を構成している非常に多くの小さい粒子（原子、分子、イオンなど）の無秩序な運動（熱運動）の激しさの程度を表している。ここで、熱運動とは原子、分子、イオンなどが並進、振動および回転していることを指す。

第1話で述べたように、最も低い温度は0 K（絶対零度）で、低温には限界がある。なぜ、低温には限界があるのだろうか？　歴史的には、理想気体の法則（PV=nRT）が発見された当初からマイナスの体積や圧力を考えることができないことから低温には限界があることは予想されていた。理想気体の法則が示すように、一般に、物質を構成している原子、分子、イオンなどの運動エネルギーの平均値がケルビン温度（絶対温度）に比例している。それで、絶対零度では原子、分子、イオンなどが静止することになる。原子や分子などが静止している状態よりも小さな熱運動の状態は考えられないので、絶対零度以下の温度を考えることができない。

確かにニュートンの古典力学の世界では、原子、分子、イオンなどが静止するのであるが、量子力学によれば、ゼロ点エネルギーというものがあり、絶対零度でもゼロ点振動とよばれる運動がある。ただ、この運動は微かなものなので、近似的に静止していると考えて良い。

地球上で最も低い温度が観測されたのは、南極におけるロシアのヴォストーク基地で、－89℃だそうである。低温限界近くの現象としては、^{4}Heの沸点（4.215K）、Wの超伝導転移（12mK）、^{3}Heの超流動転移（0.9mK）が知られている。また、冷凍技術の進歩によって、絶対零度近くの低温実現の記録が更新され、10 μKの温度が実現している。ただし、熱力学第三法則によれば、ある温度を持った物質を、有限回の操作で絶対零度に移行させることはできない。したがって、絶対零度に近づくことはできるが、絶対零度を実現することはできない。

一方、高い温度には限界がない。物質が熱平衡の状態で温度Tが決まり、また量子力学的な挙動が問題となる極低温を除けば、粒子がそれぞれのエネルギーE_iを持つ割合はボルツマン分布、$\exp(-E_i/RT)$で与えられることが分かっている。ここで、Rは気体定数、iは0, 1, 2と整数値でiの値が小さいほどE_iは低いエネルギーであることを示す。ということは、温度は原子や分子などのエネルギー分布を表す指標であり、逆に、エネルギー分布が決まれば温度も決まる。それで、低温ではほとんどが最低のエネルギー状態を占める。高温ではエネルギーの高い状態もかなりの確率で存在するが、熱平衡の状態である限り高いエネルギー状態の占有率が低いエネルギー状態の占有率より大きくなることはない。もしすべてのエネルギー状態が等しい確率で占めるとすれば、それは温度が無限大ということになる。したがって、高温には限界がない。

自然界で高温は太陽の中心核である。ここでは水素がヘリウムに変換する核融合反応が進行し、温度は1,500万Kに達するといわれている。この温度は地球で観測されたデータを基に推測されたものである。138億年前に宇宙のビッグバンが起こり超高温になった。その0.01秒後には宇宙の温度は1,000億Kであったとされている。その後宇宙の膨張と冷却が進み、現在の宇宙の温度は約3Kである。

まとめ　温度は物質を構成している原子、分子、イオンなどの粒子の熱運動の程度を表していて、その平均値がケルビン温度（K）に比例している。絶対零度では、実質的に粒子が静止し低温の限界となるが、絶対零度を実現できない。高い温度では、粒子がいろいろな運動エネルギーをとり、そのエネルギー分布で温度が決まるので、温度には限界がない。

第3話

抵抗温度計とはどんな温度計か？

抵抗温度計は温度によってその抵抗値が変化するので、抵抗を測定することにより温度が得られる。金属の電気伝導は自由電子の移動によって起こるが、金属を構成する原子の熱振動によって電子が散乱して熱抵抗を生じる。温度が上がると原子の熱振動が激しくなり抵抗が増加するので抵抗温度計として使われる。測温抵抗体の検出部に用いる金属材料には、広い温度範囲で温度と抵抗の関係が一定であること、高い温度まで化学的に安定で、耐食性に優れ経年変化が少ないこと、固有抵抗の大きい金属であることが求められる。白金（Pt）がそういう性質を備えているので、最も多く用いられている。白金を用いた測温抵抗体は日本工業規格（JIS）に採用されており、国際規格（IEC）との整合性もある。雲母または磁器製の薄板に白金線を巻き、磁器、石英ガラスまたはニッケル製の保護管に封入するタイプが一般的である。－200～500℃の温度領域では白金が一般的であるが、極低温では炭素皮膜抵抗、ゲルマニウムなどの半導体も用いられる。

工業規格に採用されている白金測温抵抗体は、使用温度領域は－200～850℃であるが、事実上の上限は500℃とされている。白金測温抵抗体は同じ接触式温度センサである熱電対に比べて、温度に対する抵抗値変化（感度）が大きく、熱電対に必要な基準温接点が不要で安定度が高く、長期に渡って良い安定度が期待でき、精度が高いという特徴がある。一方、最高使用温度は500℃程度と比較的低く、内部構造が微細な構造なため機械的衝撃や振動に弱いなどの欠点もある。

白金測温抵抗体はPt100とよく表示されるが、0℃での抵抗値が100Ωのものである。白金測温抵抗体は、熱電対に比較して低温測定に使用され精度も良い。しかし、速い応答性が要求される場合や表面および微小箇所の測定には不向きである。それは、白金測温抵抗体が抵抗素子としてある程度の体積を持つため熱平衡に達するまでの時間が熱電対式温度センサなどに比べ長いためである。

測温抵抗体のリード線の結線方式には、２線方式、３線方式、４線方式の３種類がある。工業計測の分野で最も多く使用されているのは３線方式で、精密測定などに用いられているのが４線方式である。４線方式では定電流回路によって一定電流を供給し、電流供給のリード線と電圧検出のリード線が独立しているため、原理的にリード線抵抗の影響を受けず、温度を正確に計測できる。

サーミスタは、温度変化に対して電気抵抗の変化の大きい抵抗体である。この現象を利用し、温度を測定するセンサとしても利用される。センサとしては－50～1,000℃まで測定ができる。サーミスタの抵抗と温度の関係には線型性があり、式（１－１）のように示される。

$$\Delta R = k \Delta T \qquad (1-1)$$

ここで、ΔRは抵抗値の変化、ΔTは温度の変化、kは係数である。kが正の数の場合、抵抗は増加する温度につれて増加する。このような特性を持つサーミスタはPTCとよばれる。温度と抵抗値の変化が比例的なため、最も使われている。ニッケル、マンガン、コバルト、鉄などの酸化物を混合して焼結したものである。

kが負の数の場合、抵抗は増加する温度とともに減少する。このような特性を持つサーミスタはNTCとよばれる。温度計測を目的としない通常の抵抗器の場合、できるだけ絶対値の小さなkを持つことを目指す。その結果、それらの抵抗器は広い温度範囲において抵抗値がほとんど一定のままとなる。

まとめ　金属の電気伝導は電子の移動によるが、原子の熱振動によって電子が散乱して熱抵抗を生じる。温度が上がると熱振動により金属の抵抗が増加するので抵抗温度計として使われる。白金抵抗温度計は広い温度範囲で温度と抵抗の関係が一定で広く用いられる。サーミスタは温度に対して電気抵抗変化の大きい抵抗体で、温度センサとして利用される。

第4話

熱電対はどのように温度を測るか？

熱電対は、異種金属の2接点間の温度差によって熱起電力が生じる現象（ゼーベック効果）を利用した温度センサである。構造が単純で信頼性に優れているので広い分野で使用されている。図1-1のように電圧（起電力）を測定し、既知の起電力表を参照すれば温度に変換できる。接合する金属ごとに特性が違うため、安定性、起電力の大きさ、起電力の直線性などが異なる。

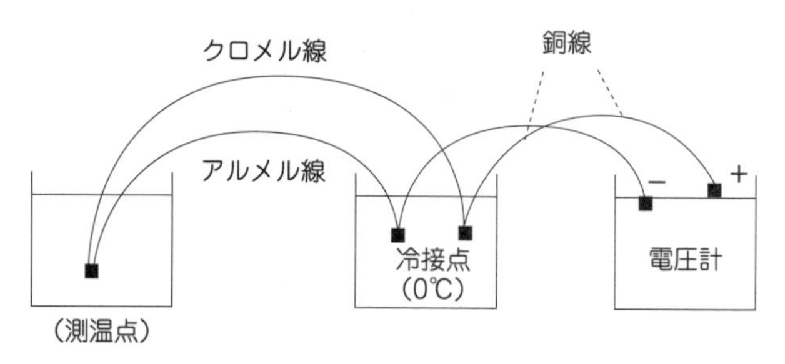

図1-1　Kタイプ（クロメル－アルメル）熱電対での測温

表1-1に主な熱電対の種類と特徴を記す。このうちKタイプのクロメル－アルメル熱電対は空気中でも広い温度範囲で使えるので広く使われている。起電力は1℃につき40μV程度で比較的高い。硬く張力があるので、15μm程度の細線が製造できる。熱電対は測温部が点に近いので、極細熱電対は微小な測温対象に有効である。Rタイプの白金－白金ロジウム13%熱電対は800℃以上の高温測定に有効である。ただし、起電力は1℃につき10μV程度と低いのと価格が高いのが欠点である。タングステンレニウム熱電対は1400℃以上の高温測定に有効であるが、酸素の存在下では酸化するので、真空中か不活性ガス中での使用が条件となる。

表1-1　主な熱電対の種類と特徴

記号	プラス極	マイナス極	温度範囲(℃)	特徴
K	クロメル Ni90%、Cr10%	アルメル Ni94%、Al3%	－200～800	熱起電力の直線性が良い
T	銅	Cu55%、Ni45%	－200～300	低温用
R	白金ロジウム合金（Rh13%）	白金	0～1400	劣化が少ない、高温用
W/Re5-26	W/Re合金 (Re5%)	W/Re合金 (Re　26%)	0～2480	高温用、還元雰囲気で使用

いずれのタイプの熱電対においても、各合金線と電圧計などに繋ぐリード線の継ぎ目のところでは、温度が氷と水で作られた0℃の基準点となるようにする。熱電対は温接点と零接点との間の起電力の差を測定するものだからである。こうした配線をRタイプなど貴金属素材で行うと高価となるため、感温部のみに貴金属を用い、室温部分の配線には似た熱電能を持った廉価な合金線が用いられる。この線は補償導線とよばれるが、補償導線との接続点に温度差があると誤差要因になる。

熱電対は二本の線を零接点または補償導線まで両者が接触しないように配線する必要がある。二本の線の接触を防ぐために保護管が用いられるが、そのために測定対象と接する熱電対部分の熱容量が大きくなり、応答速度が遅くなる。そのような欠点を補うために、二本の熱電対線を酸化マグネシウム粉末などの絶縁体で囲んだ上で、全体をステンレスなどの金属で覆った一本のシース熱電対も用いられる。シース熱電対の使用により、感温部への設置が容易になり応答速度も速くなる。

まとめ　熱電対は、異種金属の２接点間の温度差による熱起電力を利用した温度センサである。接合する各金属で温度範囲、起電力の大きさ、起電力の直線性などが異なるため、使用目的に応じて熱電対のタイプや線径などを適切に選択する。クロメル－アルメル熱電対は800℃程度まで、白金－白金ロジウム熱電対は1400℃までの高温で使われる。

第5話

電子体温計はどのように温度を測定するか？

以前は体温計といえば水銀体温計が用いられていたが、最近は電子体温計に代わってきている。水銀体温計に比べて見やすい、破損に対して安全性が高い、速く検知できるなどの理由が挙げられる。電子体温計の測定では、人間の体温を温度センサで感知し、これをワンチップマイコンで処理して液晶表示する。図1－2(a)に電子体温計の構成を示す。温度センサには、温度によって抵抗値が変化するセラミックス素子が使われている。この素子はNTCサーミスタとよばれる半導体である。サーミスタは温度に敏感な抵抗体の意味で、NTCは負の温度係数（Negative Temperature Coefficient）の意味である。NTCサーミスタの抵抗の温度変化は、次式のように指数関数的に変化する。

$$R = R_0 \exp\{B(1/T - 1/T_0)\} \qquad (1-2)$$

ここでRは温度T(K)、R_0はT_0（K）のときの抵抗値で、Bは感度を決める定数である。1℃の変化に対して%オーダーの抵抗変化があるので、1/1000℃程度の感度があるが、確度がないため実際にはそこまで表示されていない。電子体温計の測定回路は、この素子の抵抗値を基準抵抗値と比較測定するもので、実際には発振回路とICとを巧みに組み合わせ、素子の抵抗値を周波数に変換、カウントし、これに対応する温度を液晶に表示する。測定回路の電源にはボタン電池が用いられている。

NTCサーミスタは、Mn, Fe, Co, Ni, Cu などの遷移金属元素を含む酸化物や炭酸塩を2～4種類混合し、仮焼した後所定の形状に成形し、これを1200～1400℃で焼結した複合酸化物セラミックスである。温度センサに仕上げるためには、焼結体を薄くスライスし、この両面に銀や金の電極を付け、ダイシング機で小さなチップに加工し、電極にリード線をはんだ付けする。図1－2(b)

に電子体温計のセンサ素子部の断面模式図を示す。素子部分のNTCサーミスタは斜線で示されていて大きさは0.5mm角以下である。

電子体温計の出現当初は水銀式に比べ価格が高く、精度も劣っていたが、価格の低下と精度の改善が進められ、また使用前のリセットの手間がない（電源オンでリセットされるか、リセットボタンを押すだけ）など使いやすいことから、現在では家庭のみならず医療機関でも主流となっている。

電子体温計には以下の二種類の計測方式があり、外箱や取扱説明書に明記されている。実測式は、センサ部分の温度をそのまま表示するタイプである。センサの温度が体温と等しくなった時点で初めて計測完了となるため、３～５分の時間を要するが、より正確な体温を表示する。予測式は、計測開始からのセンサ部分の温度上昇のカーブから最終的な温度を予測の上で体温の表示を行うタイプである。数十秒で体温を表示できるが、あくまで予測値であるため正確性にやや難のある機種もある。

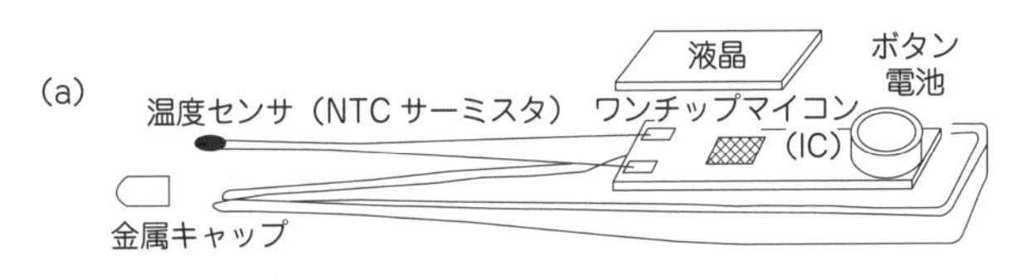

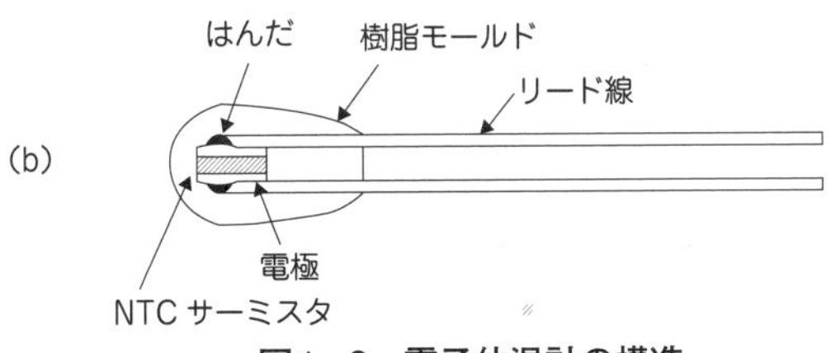

図1−2　電子体温計の構造

まとめ　電子体温計の測定原理は、人間の体温を温度センサで感知し、これをワンチップマイコンで処理して液晶表示する。温度センサは温度で抵抗値が変化するNTCサーミスタとよばれる半導体を用いて感度が高い。電子体温計には、実測タイプと予測タイプとがある。予測タイプは計測開始からの温度上昇のカーブから最終的な温度を予測して表示を行う。

第6話

放射温度計とはどんな温度計か？

放射温度計は、物体から放射される赤外線の強度を測定して物体の温度を測定する。シュテファン・ボルツマンの法則によると、温度T(K)における物体からの熱放射量 j^* は、比例係数 σ、物体の放射率 ε と次の関係にある。

$$j^* = \varepsilon \sigma T^4 \qquad (1-3)$$

式（1－3）において、比例係数 σ は既知であるので、放射率 ε が分かれば赤外線の強度（熱放射量）を測定して、温度が得られる。

放射温度計の長所は非接触で測定可能なこと、測定が高速に行えること、動く物体の温度が測定可能なことである。非接触で測定可能なことは、熱伝導によって測定対象と温度計とが同じ温度になる必要がある熱電対や抵抗温度計と違い、短時間で測定が可能となる。

放射温度計では、理想黒体（放射率１の物体）を基準に温度を算出しているが、通常の物体では個々の放射率 ε に合わせて補正を行う必要がある。物体から放射される光の放射量は材質や表面状態により顕著な違いがある。たとえば同一温度であっても、鉄とアルミニウムでは放射率 ε に違いがあるし、表面状態によっても変わる。放射率は黒体を１としたとき、ゴムやセラミックスなどでは約0.95であるが、金属など表面光沢がある物は0.5未満など、放射率が低くなる。表面状態による誤差を防ぐためには、事前に他の温度測定法（熱電対など）との間で校正曲線を求めるか、黒体放射とするために表面に黒い材料を塗布することが必要となる。

理想黒体は、他からの赤外線をまったく反射しないことを前提としているが、実在の物質は、外部からの赤外線も反射している。放射温度計では測定対象が放射する赤外線と、他の物体から放射され反射した赤外線は区別されることなく、そのまま測定対象の赤外線エネルギー量として合わせて計測されてしまう。こうした外乱の影響も考慮して計測する必要がある。

放射温度計の一例を図１－３に示す。ここでは、赤外線センサとしてサーモパイル（熱電対の集合体）を用いている。物体から放射された赤外線エネルギーがサーモパイルに入ると、その赤外線エネルギーに応じた出力信号が発生する。出力信号をデジタル化した後、この信号とサーモパイル自身の温度を測る基準温度センサの出力信号とともに、マイクロコンピュータに入力される。マイクロコンピュータで、基準温度や放射率による補正の後、温度に換算され、液晶モニターに温度表示する。

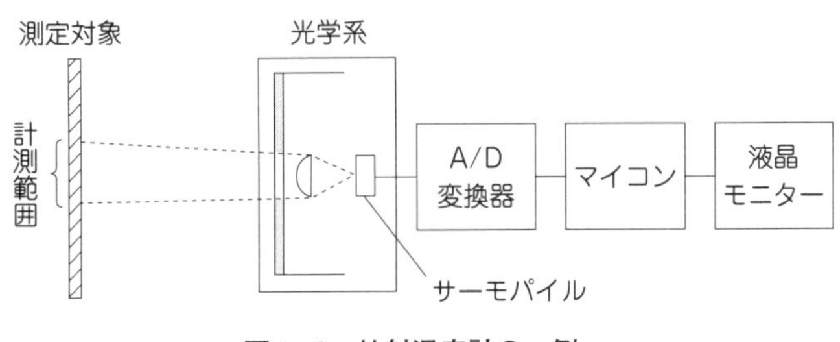

図1-3　放射温度計の一例

放射温度計には、低温用、中温用、高温用があり、全体として－50～3000℃ぐらいの温度域で測定できる。測定に使われる光は、低温用から高温用になるにつれ、赤外光、近赤外光、可視光と短波長の光になる。通常、光の選別にはフィルターが使われている。市販の放射温度計の多くは単色光を使っているが、２波長あるいは、広い波長範囲の光を用いたものもある。また、表面温度を可視化し一目で温度分布が把握できる熱画像型のものもある。

まとめ　放射温度計は物体から放射される赤外線の強度を測定し、温度と熱放射との関係を表すシュテファン・ボルツマンの法則によって、物体の温度を算出する。放射温度計は非接触で高速に測定できる長所もあるが、放射率の補正を行う必要がある。放射温度計の多くは単色光を使っているが，２波長または広い波長範囲の光を用いたものもある。

第7話

サーモグラフィとは何か？

赤外線サーモグラフィは、対象物から出ている赤外線放射エネルギーを検出し、見かけの温度に変換して、温度分布を画像表示する装置またはその方法である。サーモグラフィは、赤外線放射量は絶対温度の４乗に比例して増えるため、対象の温度変化を赤外線量の変化として可視化する。

赤外線サーモグラフィの測定方法は、測定対象物から放射された赤外線をゲルマニウムレンズで結像させる。通常の石英ガラスは赤外線を透過しないため、赤外線を透過するゲルマニウムレンズ（化学式($GeCH_2CH_2COOH)_2O_3$)）を使用する。ゲルマニウムレンズは可視光を透過しないため肉眼では黒く見える。赤外線を検出する素子には光電効果で検出する量子型と温度上昇を検出する熱型とがある。量子型は通常－196℃に冷却するので冷却型ともいう。最近の半導体プロセス技術とマイクロマシン技術の発展によって熱型素子が高品質で安定して生産されている。マイクロボロメータとよばれる抵抗式熱型素子で赤外線を検出する。非冷却タイプの検出素子でも、ペルチェ素子を利用して一定温度に保持する。これは、赤外線サーモグラフィの熱雑音の影響を抑え、検出精度を高めるためである。

検出した信号を増幅してアナログデータをデジタルデータに変換（A/D変換）する。これをパソコンで処理して温度に変換して画面表示する。温度分布の表示画像は、例えば垂直240×水平320画素で、１画素のデータ量（データ深さ）は12ビット表示などである。12ビットは4096階調分のデータ量で、１階調を0.1℃に設定すると4096階調×0.1℃で409.6℃分のデータを持つ。

赤外線サーモグラフィの特徴は、広い範囲の表面温度の分布を相対的に比較でき、動いているもの、危険で近づけないもの、微小物体、温度変化の激しいもの、短時間の現象、食品、薬品、化学製品などでも衛生的に温度計測できる点である。問題点としては、測定基準が黒体であるため、測定対象の表面状態（放射率）に影響されやすい、周囲環境条件の影響を受けやすい（温度ドリフト、反射の影響、湿度による減衰）点がある。

赤外線サーモグラフィは電気設備（配電盤、送電線）の点検、建築診断（断熱欠損、コンクリート浮き検知、漏水診断）、プラント設備（炉壁・配管の経年劣化）の点検、太陽電池パネルの不良、金属溶融温度など工業用プロセス温度管理、ホットカーペット製品評価、電子基板温度分布撮影、都市のヒートアイランド現象、人体温度の測定などに使われている。

医療用の応用としては、体表面の皮膚温度分布を測定し、それを色分布などで画像化して病気の診断に用いられている。動脈狭窄、動脈瘤などの血行障害、代謝異常、頭痛、内臓関連痛、脊椎神経根刺激症状（椎間板ヘルニアなど）などの慢性疼痛、自律神経障害、各種炎症の経過観察や消炎剤の治療効果の判定、乳房腫瘍、甲状腺腫、骨肉腫、陰嚢水腫、その他の表在性腫瘍、転移腫瘍の発見と悪性度の判定などに用いられている。医療用サーモグラフィは非常に高額なために使用が限られていたが、レンタルも可能となり気軽に使えるようになってきている。国際空港や公共施設などで、新型インフルエンザなどの伝染性疾患の簡易検査にもサーモグラフィが用いられている。

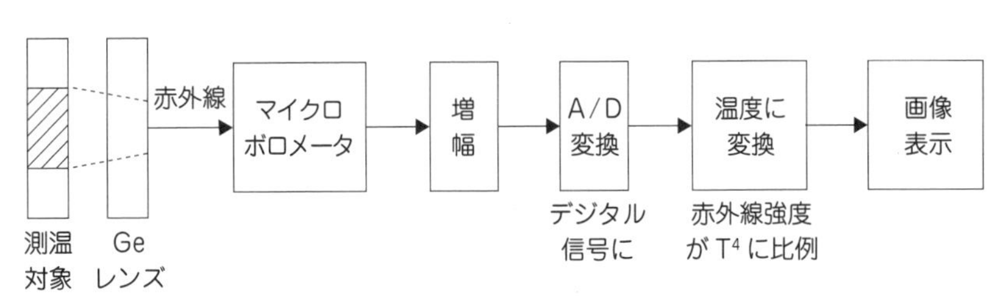

図1-4　サーモグラフィの温度計測方法

> **まとめ**　赤外線サーモグラフィは、物体からの赤外線を検出して温度に変換し、物体の温度分布を画像表示する。物体からの赤外線をゲルマニウムレンズで結像し、熱型素子で赤外線を検出し増幅してデジタル信号に変換し画像化する。離れた所からの測定が可能で、電気設備の点検、建築診断、人体温度測定、医療用などに使われている。

第8話

瞬時に体温を測定する耳式体温計の仕組みは？

人体表面から出ている赤外線を検知することにより、黒体放射の原理から体温を測定する耳式体温計が用いられている。耳式体温計は１秒程度で測定できるので、安静を保てない乳幼児の体温を測定することもできる。耳式体温計は耳の中から出ている波長が10μm近くの赤外線をセンサが瞬時に検出して温度に変換することができる。

プローブの先を耳の奥に差し込むと、ほぼ密閉された空洞を形成し反射した赤外線が外に出ないのでほぼ黒体条件となり放射率が１に近く、放射温度計に特有な表面の放射率の補正をする必要がない。さらに、耳の奥は外気温などの影響を受けにくい点も有利な点である。また、鼓膜は人の体温を調節する視床下部という部分に近く、同じ血管から血液が流れているため、体温を正確に測れる部分と考えられている。

測定の仕方は、図１－５にあるように、専用プローブカバーをつけ、電源を入れ、プローブの先を耳の奥にできるだけ深く（いつも一定の角度・深さで）入れる。次に、体温計が動かないようにしてスタートボタンを押す。そうすると、鼓膜から出る体温に応じた赤外線を赤外線センサが感知する。赤外線量の情報をマイクロコンピュータが受け取り、あらかじめ決められた計算式によって、鼓膜の温度を表示すると同時に測定終了のブザーが鳴る。スタートボタンを押してからブザーが鳴るまで約１秒である。

個人差により、耳とワキ下の体温が約１℃も異なることがあるので、耳での平熱を予め測定しておくことが望ましい。耳垢がたまっていると誤差の原因になるので、予め掃除しておく。飲食後、運動後、入浴後は体温が上がっているので、30分ほど待ってから測る必要がある。水枕を耳にあてていた場合など、耳が冷えているときは30分ほど待ち、耳の冷えが取れてから測る。暖房機など温風が耳に直接あたるところで測ると誤差がでる。また、人によっては左右で測定値が異なるため、いつも同じ側の耳で測ることが必要である。プローブ窓が汚れている場合は誤差の原因となるので綿棒などで拭き取り、数分後に使用する。一部の耳式体温計には先端部プローブに付けるプローブカバーが不要のものもある。

耳式体温計は誤差が大きいといわれる。あるメーカーが同じ人の体温について、ワキ下の体温計（実測式および予測式）と耳式体温計での温度測定を比較した結果がある。計測の結果、３つの測定の平均値はバラツキの範囲内であった。バラツキの幅は実測式が0.2℃、予測式は0.3℃、耳式は0.7℃となっている。

結果だけ見ると、耳式体温計はややバラツキが大きいが、それを心得ていれば実用に差し支えない範囲だと思われる。乳幼児の体温を測る場合などには耳式体温計の使用は便利と考えられる。

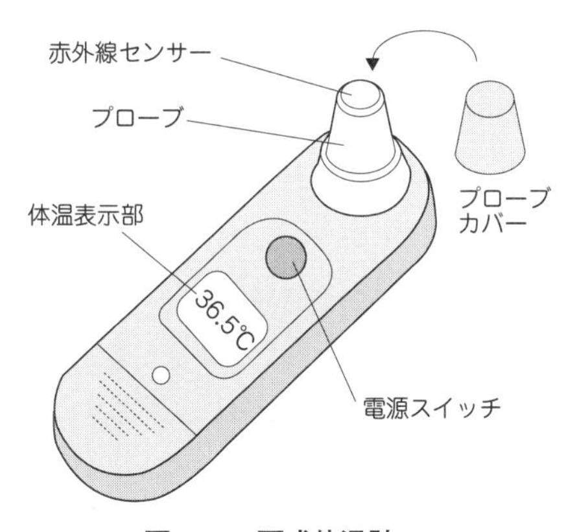

図1−5　耳式体温計
（出典：先見創意の会ホームページ）

まとめ　耳式体温計は、耳の中から出ている波長が10μm近くの赤外線を瞬時に検出して温度に変換する。赤外線量の情報をマイクロコンピュータが受け取り、あらかじめ決められた計算式によって、鼓膜の温度を表示する。耳式体温計は1秒程度で測定できるが、正しく測るための注意も必要である。

光ファイバー温度計の仕組みは？

マイクロ波、高周波、プラズマ、溶融金属などの過酷な環境において、熱電対、抵抗温度計、サーミスタなどの温度計が使えない。ここでは、過酷な条件の温度測定に用いられる光ファイバー温度計について述べる。

光ファイバー温度計は、過酷な環境において測温対象に接触または接触に近い形で測定ができる。放射温度計のプローブに光ファイバーを取り付けたタイプ、光ファイバー先端の蛍光物質に光をあて光輝度の減衰を測定するタイプ、光ラマン散乱光を利用して温度分布を得るタイプがある。

浸漬型光ファイバー温度計は放射温度計のプローブに光ファイバーを取り付けたタイプである。光ファイバーを溶融金属に浸漬して先端から取り込んだ放射光を伝送して測定を行う。その原理を図１－６に示す。図の上側は溶接と計測システム、下側は溶融金属を加えた図を示す。光ファイバーを溶融金属に浸漬させると、黒体条件となって放射率の補正が不要で高精度計測が可能となる。光ファイバーの先端がアークやビームで溶融しても、新しい断面から放射光が取り込まれるため、温度測定を持続させることができる。

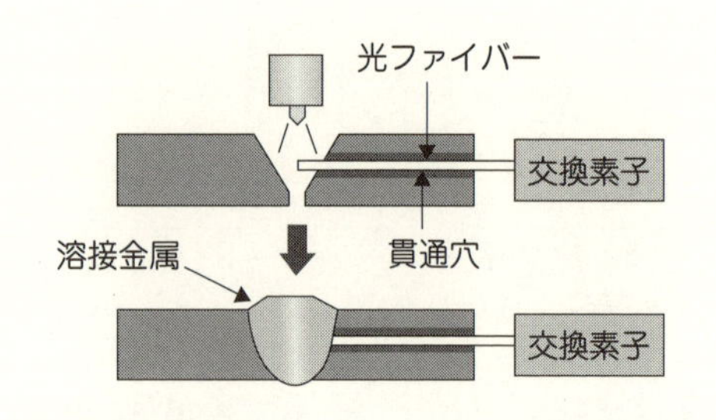

図1−6　浸漬型光ファイバー放射温度計の原理
（出典：http://www.jfe-tec.co.jp/product/thermometer.html）

蛍光式光ファイバー温度計の測定原理を図1－7に示す。光ファイバー先端に極薄の蛍光物質を接着し、これに光ファイバーを通して閃光をあてると、蛍光輝度の減衰が温度に換算される。①LED光は45度の傾斜ミラーを経由し入射する。②光はレンズで集束され、光ファイバーのコード内を通る。③・④光はプローブの先端に達し、蛍光体に光を発する。⑤・⑥蛍光の減衰は光センサで計測される。蛍光の減衰時間は温度と相関性があり、温度換算される。この温度計を用いて、マイクロ波、高周波、プラズマ存在下の過酷な条件で室温付近から1000℃以上まで測定されている。電子レンジ内の食品の温度測定の例では誘電率が小さいガラスやテフロン製のプローブを用いて計測されている。

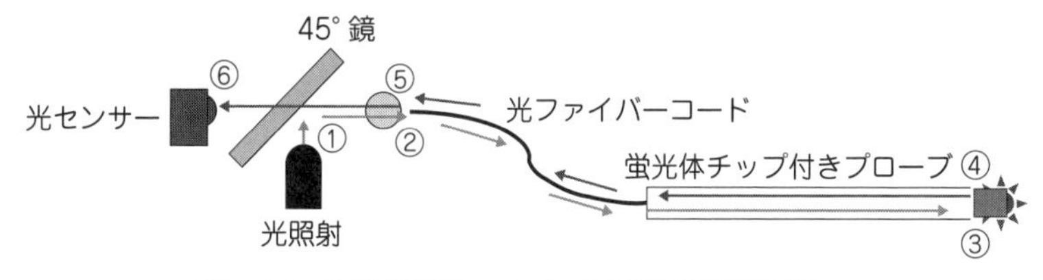

図1－7　蛍光式光ファイバー温度計の測定原理
（出典：http://www.technoalpha.co.jp/products/board/micromaterials.html）

まとめ　光ファイバー温度計はマイクロ波、高周波、溶融金属などの過酷な環境で光の信号から温度を測定する。浸漬型光ファイバー温度計はプローブに光ファイバーを取り付け溶融金属に浸漬し、溶融部の放射光から温度を表示する。蛍光式光ファイバー温度計は、光ファイバー先端に極薄の蛍光物質を接着し、閃光をあてたときの蛍光輝度の減衰から温度を測定する。

コラム 温度計の歴史

ガリレオが1592年に最初の温度計を発明したといわれている。図1－8に示すように、球付のガラス柱を水面に倒立させて、水面の変化を測定して温度変化を得る空気温度計である。これはガリレオではなく、彼の友人が発明したという説もある。球部を温めれば空気が膨張して水柱が下がり、冷やせば水柱が上がる。ただ、この温度計は水面が外気と接しているので気圧の変動も受ける。

ガリレオの後継者たちは、気圧の変動を避けるために図1－8の温度計の空気貯めを廃止して、液体が外気と接しない液体温度計をつくった。レーマーは水の融点と沸点を使って目盛りをつけた温度計を製作した。ファーレンハイトは1714年に水銀を用いた液柱温度計を発明した。彼は氷の融点を32度、人間の体温を96度とした華氏の温度目盛りを作った。レオミュールは1730年 にアルコールと水の溶解液を用いた温度計を考案した。当時は水の沸騰点を80度としていたが、1742年にセルシウスの改良により、水の沸騰点は100℃に修正された。

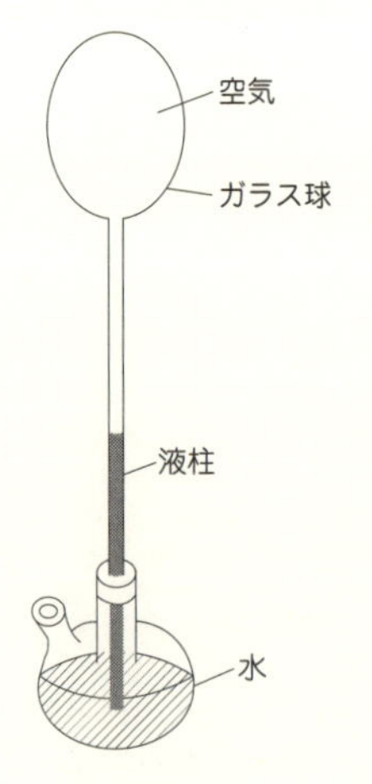

図1－8　ガリレオ・ガリレイの空気温度計

日本で初めて温度計をつくったのは平賀源内である。彼はオランダ人からの情報を元に1768年にアルコール温度計をつくった。江戸時代末期には、温度計が蚕の飼育に有用なことが分かり、量産された。当時はガラス細工で細いガラス管を作るのが大変で、ガラス管の中に水銀を入れるのに苦労したという。

第2章

熱の発生

この章では、熱が発生する現象について、摩擦熱、抵抗加熱およびセラミックヒーターの原理について述べる。また、使い捨てカイロの発熱原理、人体の発熱原理についても述べる。

第1話

手をこするとなぜ温かくなるか？

手をこすると、手が温かくなる。これは「手をこすることによって摩擦熱が発生する」と説明されるが、なぜ摩擦熱が発生するのだろうか？　ヒトの皮膚の厚さは、表皮0.06～0.2mm、真皮は2.0～2.2mmで、組成は水分約58%、タンパク質約27%、脂質約14%である。手をこするということは、右手と左手を接触させて反対方向に往復運動させることである。接触面では皮膚同士が変形する。ミクロで見ると、皮膚を構成する水、タンパク質、脂質の分子が激しく運動し、衝突する。第１章で述べたように、熱運動とは分子などが不規則に運動することである。手をこすった結果、分子運動が激しくなって発生する熱のことを摩擦熱という。摩擦熱が発生すると温度が高くなり、温かく感じるのである。

では、手をこするエネルギーはどこから来たのだろうか。ヒトが生命を維持するために必要なエネルギーは食物の消化と呼吸によって生成したATPから得る。その食物は動物や植物から得ている。その動物も他の動物や植物を食物としているので、最終的には植物からエネルギーを得ていることになる。植物は太陽からエネルギーを、空気中から二酸化炭素を、根から水を得て、光合成を行い、炭水化物などの形でエネルギーを貯蔵している。結局、私たちは太陽からのエネルギーのお陰で食物と活動のエネルギーを得ていることになる。

摩擦とは、接触して相対運動している物体間に働く現象である。物体が面上を滑べると、物体に与えたエネルギーは摩擦熱に変わる。いま、質量mの物体を押して距離L動いて止まったとすると、仕事Wは摩擦係数をμ、重力の加速度をgとして、

$$W = \mu mgL \qquad (2-1)$$

と表される。ここで、WはJ（ジュール）の単位、μは無次元である。物体の

運動エネルギーはすべて摩擦熱に変わるので、摩擦熱はＷに等しくなる。

摩擦は材料の表面が関わる現象で、材料の表面の状態、酸化物の層、吸着分子層の存在、表面の微少形状など、変動する要因が多く、摩擦係数、摩耗特性などのモデル化が難しい。摩擦力は、二つの面の間の凝着の発生と破壊によるものと、柔らかい材質側を変形させる力によるものと、両方が関係していると思われる。摩擦係数は、金属同士で0.4ぐらいであるが、グラファイトなどの固体潤滑材を用いると、0.2程度まで低下する。グラファイトは、層状に壊れやすい構造をもった材料なので、摩擦力の低減に有効である。凝着の発生は物体の原子と面の原子同士がお互いにクーロン力によって引っ張り合って生ずる。接触面に垂直な成分を持つ力があって相対的に静止しているときの摩擦を静止摩擦という。相対的に運動している場合、物体の運動エネルギーは失われ、周囲に散逸したエネルギーは熱に変わるが、これを動摩擦という。車のブレーキがタイヤの動きを止めるのは動摩擦の作用で、マッチをマッチ箱の黒褐色の部分でこすると火がつくのは摩擦熱の作用である。

自動車はブレーキで止まる。これは、主としてブレーキパッドとブレーキローターの摩擦による。1500kgの車が時速100kmで走っていたとして、これを止めるのにどれくらいの熱が出るかを計算してみよう。時速100kmは、秒速にすると27.8m/sなので、エネルギーＥは、

$$E = (1/2)\,mv^2 = (1/2) \times 1500 \times 27.8^2 = 578704\,[\mathrm{J}] \qquad (2-2)$$

で、ペットボトル1.5Lの水の温度を、約92℃上げる熱量に相当する。この熱量はブレーキパッドとローターの摩擦熱、自動車が走行しているときの空気抵抗による熱、タイヤと路面の摩擦熱の合計に相当すると考えられる。

まとめ　手をこすると、皮膚を構成する水、タンパク質、脂質の分子が激しく衝突し、運動する。皮膚の分子運動によって摩擦熱が発生し、温かく感じる。摩擦とは、接触して相対運動している物体間に働く現象である。摩擦力は、二つの面の間の凝着の発生と破壊によるもの、および柔らかい材質側を変形させる力とが関係している。

第2話

ニクロム線に電気を通すとなぜ発熱するか？

ニクロムはニッケルとクロムを主とした合金である。電気抵抗が大きいため、電熱線として、電気ストーブなどに使われる。ニクロム線は、電熱線の代名詞ともなっている。後発で、多くの特性でより優れたカンタルに電熱線の主役が移ったが、カンタル線もニクロム線とよばれることがある。ニッケルを80%、クロム20%含んだものをニクロム80といい融点が1430℃、カンタルは23Cr-69Fe-6Alの組成で、融点が1500℃である。共に耐酸化雰囲気特性、耐クリープ性が優れているが、カンタルの方が融点が高く、電気抵抗率が大きく、抵抗の温度係数が小さく、電熱線としてより優れた特性を持っている。

物体の電気抵抗R（Ω）は、長さL（m）、断面積S（m^2）とすると、次式で求めることができる。

$$R = \rho (L/S) \quad (2-3)$$

ここで、ρは物質によって決まる電気抵抗率で、単位はΩmである。各種金属、合金、半導体、絶縁体の20℃での電気抵抗率と温度係数を表２－１に示す。この数値は個々の測定者によってかなり違うので、あまり正確なものではない。電気抵抗率は、不純物の量など様々な条件により変化するからである。

表２－１を見ると銀や銅が最も電気抵抗率が小さく石英ガラスと比べると25桁以上も小さい。これは、金属の電気伝導は自由電子によって起こるのに対して、絶縁体では価電子帯にある電子を伝導帯まで励起するのに大きなエネルギーを必要とするからである。金属の電気抵抗率は温度が高くなると大きくなる。自由電子は移動の過程で金属の陽イオンと衝突するが、温度が高くなると陽イオンの熱振動が激しくなり、自由電子の移動を阻害するからである。
電気ヒーターに通電する場合、コンセントから電気コードとニクロム線を通っ

表２−１　各種金属、合金、半導体、絶縁体の電気抵抗率および温度係数

物質	電気抵抗率（Ωｍ）	温度係数（1/K）
銀	1.59×10^{-8}	0.0061
銅	1.68×10^{-8}	0.0068
鉄	1.00×10^{-7}	0.0065
ステンレス	7.2×10^{-7}	
ニクロム	1.08×10^{-6}	0.0004
カンタル	1.40×10^{-6}	0.00006
炭素	1.64×10^{-5}	−0.0005
ケイ素	3.97×10^{3}	−0.07
ガラス	$10^{10} \sim 10^{14}$	
空気	2×10^{14}	
ポリエチレン	$10^{16} \sim$	
石英ガラス	7.5×10^{17}	

（出典：フリー百科事典　ウィキペディア）

て電流が流れてコンセントに戻る。電気コードもニクロム線も同じ大きさの電流が流れ、発熱量P（W）は電流をI（A）とすると、

$$P = I^2R \qquad (2-4)$$

で与えられる。直列に接続されたものは、電流が同じなのでその発熱量は抵抗に比例する。電気コードは発熱量が無視できるくらい少なく、ニクロム線部分で発熱する。一般に、発熱量を正確に得ることには困難であるが、電気的に電流や電圧を測定して式（２−４）から発熱量Pが得られることから、熱量を定量的に測定することができる。

まとめ　ニクロムは電気抵抗が大きいため電熱線として使われる。金属の電気伝導は自由電子で起こるが、合金は異種金属が不純物として電子を散乱し電気抵抗が大きくなる。ニクロム線は銅よりも電気抵抗率が数十倍も大きく、電気ヒーターに通電すると電気コードはほとんど発熱せずニクロム線部分で発熱する。発熱量は関係式から定量的に得られる。

第3話

セラミックヒーターとは？

セラミックヒーターというと、暖房器具を想定する人が多いかもしれない。それは発熱体とセラミックスが一体となった遠赤外パネルヒーターである。セラミックス自身が発熱しているのではなく、セラミックスの中に埋め込まれたタングステンやモリブデンなどの金属の発熱体に通電することによって、セラミックスの温度が上がるヒーターである。

遠赤外線ヒーターには、ハロゲンヒーター、カーボンヒーター、セラミックヒーターがある。遠赤外線とは、波長が3～1,000 μmの赤外線である。遠赤外線ヒーターは身体の芯まで温まるといわれるが、遠赤外線が身体の奥まで届くわけではない。遠赤外線の波長は皮膚の分子の振動の周波数に合っているため、約200 μmの深さまで吸収されて熱に変わる。この熱が体表面近くにある毛細血管を流れる血液を通して伝わり、身体の奥まで温まる。

セラミックヒーターの構造を図2－1に示す。電気絶縁性のアルミナの生シートにタングステンなどの高融点金属を導体として、所定の抵抗値になるよう配線パターンの幅、長さ、厚みを決めてスクリーン印刷し、その上にアルミナの生シートを積層して配線をアルミナの内部に埋設し、その後アルミナと金属を同時に水素雰囲気中で焼結する。これは半導体集積回路（IC）の容器として量産されているセラミックICパッケージと同様の製造方法である。

抵抗配線がセラミックス内部にあるため、耐酸性、耐アルカリ性、耐摩耗性、耐久性に優れ、断線や経時変化が少ないヒーターである。金属ヒーターに比べ、設計の自由度が大きく小型軽量化が可能である。アルミナの熱伝導率が高いので、温度分布が均一で昇温速度が速いのが特徴である。アルミナより熱伝導率が大きい窒化アルミニウム（AlN）を使っている製品もある。セラミックヒーターの用途としては、温水便座、ハンダゴテ用熱源、半導体製造装置用熱源、

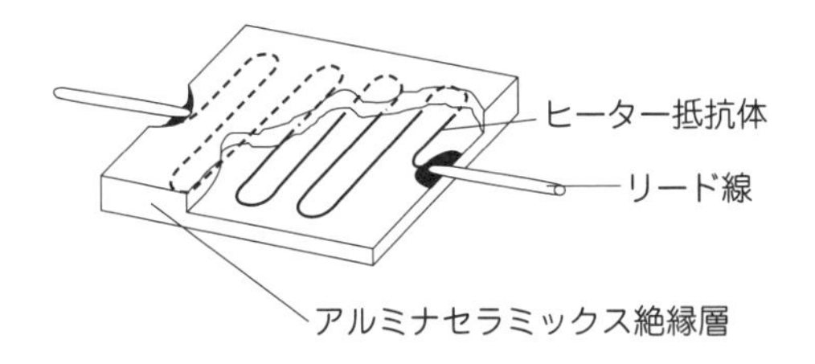

図2-1　セラミックヒーターの構造

各種測定機器用熱源、理化機器部品などがある。温水便座としての利用では、外径12mm、長さ100mmのパイプ型のセラミックヒーターのパイプ入り口から入った水がパイプ内部を通過する間とパイプ外部に設けられた貯水タンクで急速に加熱されて、洗浄に快適な40℃程度の温水になる。

ここまで述べてきたセラミックヒーターは、セラミックス自身が発熱しているのではなく、セラミックスの中に埋め込まれた金属の発熱体に通電する方法である。しかし、セラミックス自身が発熱するセラミックヒーターもある。1200℃以上の温度が必要な場合は、炭化ケイ素（SiC）、ケイ化モリブデン（$MoSi_2$）、ランタンクロム酸化物（$LaCrO_3$）等の半導体セラミックスの発熱体が使われる。最高使用温度の目安は、SiCが1600℃、$MoSi_2$が1800℃、$LaCrO_3$が1850℃程度である。これらは空気中でも使用可能である。SiCおよび$MoSi_2$の発熱体の場合は、Siが空気中の酸素と結びつくが、表面にSiO_2の皮膜を作るために発熱体中への酸素の侵入を防ぐ。これらのセラミックス発熱体はパイプ型が基本で、抵抗値を大きくするために、らせん状に切れ目を入れた形が多い。これらの発熱体は物質と温度領域によって半導体になったり、金属性になったりするので、与える電圧と電流は吟味する必要がある。

まとめ　セラミックヒーターは、発熱体とセラミックスが一体となった遠赤外パネルヒーターで、セラミックスの中に埋め込まれたタングステンなどの発熱体に通電して発熱し、温水便座、ハンダゴテ用熱源などにも使われる。セラミックス自身が発熱する炭化ケイ素、ランタンクロム酸化物などのセラミックヒーターもあり、1200℃以上の高温で電気炉として使われる。

第4話

使い捨てカイロはなぜ温かいか？

現在使われている使い捨てカイロは、鉄粉が酸化する時に発熱するもので、構造が簡単、各種原料が安価、火を用いず最高温度が80℃以下で安全性が高い、使用方法が簡単という特徴がある。使用前は真空パックや無酸素包装などで酸素に触れないように密封されており、使用時にはこれを開封することで酸化が始まり発熱する。

鉄は酸素との接触面積を増やすために細かい粉にしてある。還元鉄粉の平均粒径は70～80 μm である。使い捨てカイロには鉄粉の他に活性炭、食塩水、バーミキュライトが混合されている。活性炭は酸素を多く吸着させるため、食塩水は反応を速くするためである。食塩水が無くても酸化反応が進むが、鉄の酸化物内の酸素の拡散速度が遅いので反応速度が遅い。実際には、鉄粉、活性炭・食塩水、酸素の３つが結びつく時に発熱し、生成する化合物は水酸化第二鉄 ($Fe(OH)_3$) である。以前は、開封して振ったり揉んだりしたが、最近の使い捨てカイロでは、製造時点で内容物の鉄粉と活性炭、食塩水、バーミキュライトが混合済で出荷されるので、利用時には開封するだけで発熱が開始する。活性炭は表面にたくさんある微孔に空気を取り込んで酸素の供給をする。バーミキュライトは人工用土で、表面の小さな穴に水分を取り込んで保水剤の役目をし、粉がベタつかなくする。カイロの内袋は、通常タイプは空気を通さない不織布で、そのままでは空気が入らないので微孔を開けている。また、貼るタイプは空気の透過量をコントロールする特殊な不織布である。カイロの外装は、使用する前から発熱しないように、空気の侵入を遮断できる特殊なフィルムを採用している。大きさや用途などにもよるが、貼らないタイプで約18～20時間、貼るタイプで約12～14時間くらいの持続時間を持つ商品が主流である。

カイロの酸化反応の化学式は次式で示される。

$$Fe + (3/4)O_2 + (3/2)H_2O = Fe(OH)_3 + 402kJ \qquad (2-5)$$

この式は、鉄粉１モル（55.8g）に対して402kJの発熱があることを示している。カイロの外袋には最高温度、平均温度、持続時間の表示がある。これは、JIS法に定められた方法によって測定した製品の品質を管理するための数値である。最高温度はやけどの危険性を使用者に知らせる目的でカイロの最高温度を統計的に求めた値で、実際に全てのカイロが到達する温度ではない。平均温度はカイロが発熱を開始して40℃を越えたときから40℃を下回るまでの間の温度を平均した数値である。持続時間はカイロが発熱を開始して40℃を越えたときから40℃を下回るまでの間の時間である。通常有効期限は、製造から３〜４年程度に設定されているが、あくまでも一定の平均温度・最高温度・持続時間等の規格条件の保持される期限を表しているだけなので、それ以降はある程度の劣化はあるが、保存状態さえ良ければ使用ができる。もしも、途中で使うのをやめたいなら、密閉性の高いものに入れて封をすれば、中の酸素を使いきったところで反応は止まる。それからまた開封すれば、もう一度使える。

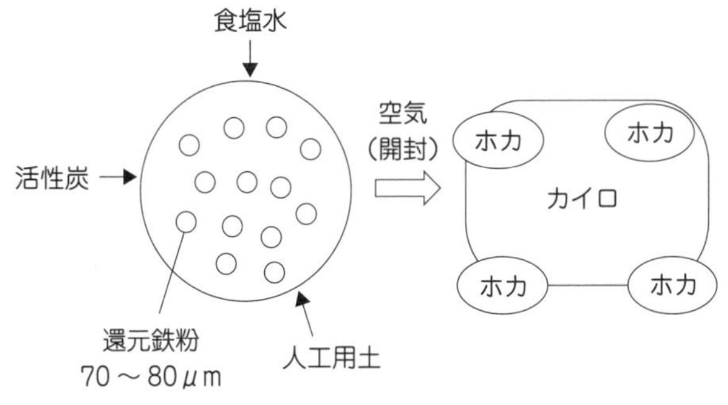

図2-2　使い捨てカイロ

まとめ　使い捨てカイロは、鉄粉が酸化する時に発熱する原理を利用している。このカイロは、構造が簡単、各種原料が安価、火を用いず最高温度が80℃以下で安全性が高い、使用方法が簡単などが特徴である。鉄粉に活性炭、食塩、水、バーミキュライトが混合されたものを開封するだけで発熱が開始する。

第5話

風邪を引くとなぜ発熱するか？

日本人のワキ下の温度の平均値は36.89±0.34℃といわれているが、体温には個人差があるので、何度から平熱と決めることはできない。風邪を引く原因は、ウイルスや細菌などの微生物が体内に入り攻撃してくるからである。では、ウイルスなどの攻撃を受けたとき、なぜ人は発熱してしまうのだろうか？

ウイルスを持った他人からくしゃみなどによる飛沫感染、ドアノブなど手からの感染などによりウイルスが体内へ侵入する。ウイルスは、鼻、のど、気管支、扁桃腺などの粘膜細胞の中で増える。粘膜で一定以上増殖すると不快症状が発生して風邪の症状が出てくる。ウイルスなどが増殖すると、ウイルスに負けまいと体の免疫の働きが活発になる。免疫とウイルスとが戦うと炎症が引き起こされる。その炎症がのどの痛みや鼻炎の正体である。免疫には病原体を体内に侵入させないようにする守りの免疫力と、病原体を退治する攻めの免疫力とがある。守りの免疫力が働くのは、鼻や呼吸器などの粘膜、皮膚、腸管など、直接外界とつながっている部分で、外敵の侵入を阻止しようとする。

攻めの免疫力を担当するのは、体内の免疫活性食細胞である。免疫活性食細胞は、リンパ球などの白血球、マクロファージや顆粒などの細胞で、ウイルスなどの異物を取り込む。ウイルスとの戦いが始まると、免疫活性食細胞の働きでサイトカインという物質がつくられる。サイトカインには、インターロイキン1、インターフェロン、マクロファージ炎症蛋白などの種類があり、内因性発熱物質ともよばれる。サイトカインは、血液の流れにのって脳に達する。しかし、目的地である脳の視床下部に行こうとしても、途中に血液脳関門があって通ることができない。それでサイトカインは、メディエイタとよばれる情報伝達物質の産生を促す。メディエイタから情報が届くと、視床下部にある体温調節中枢は発熱を指令する。

メディエイタから情報を受け取った視床下部の体温調節中枢は、身体各部に体温を普段より高くするようにという指令を出す。この指令によって、皮膚の血管が収縮し、汗腺を閉じるなど、熱放散を抑える活動が進む。また筋肉をふるえさせて熱産生をうながす。これらの活動により、体温が上がる。それでもウイルスが減らない時やウイルスが強毒性の時は、さらに体温を上げて攻撃力をアップさせる。ウイルスや細菌は熱に弱い性質があるからである。設定温度が決まると、体温を上昇させようとする力と、熱を逃さないようにする力が働く。熱が逃げないように体の表面の血管を収縮させて手足の表面温度が下がり、冷たさを感じるようになる。このとき感じるのが悪寒である。ウイルスの毒性が強ければ強いほど、温度は高めに設定される。普通の風邪よりも毒性の強いインフルエンザなどは高熱になりやすい。悪寒が起きている状態では、布団をかけるなど、保温に努める。熱が上がりきった後は、余計な熱を放出するため手足の血管が広がった結果、温かくなる。病気の間はこれが続く。この状態では寒気がない程度に衣類を薄めにし、気持ちがよければ頭を冷やす。高熱でウイルスが死滅した後は、視床下部の体温調節中枢が設定温度を普段の温度に設定し直すので体温が平熱に戻る。

高熱の時は解熱剤を使うことがあるが、解熱剤には病原体をやっつけて病気を治す力はない。解熱剤は熱を下げ体への負担を軽減するためにある。

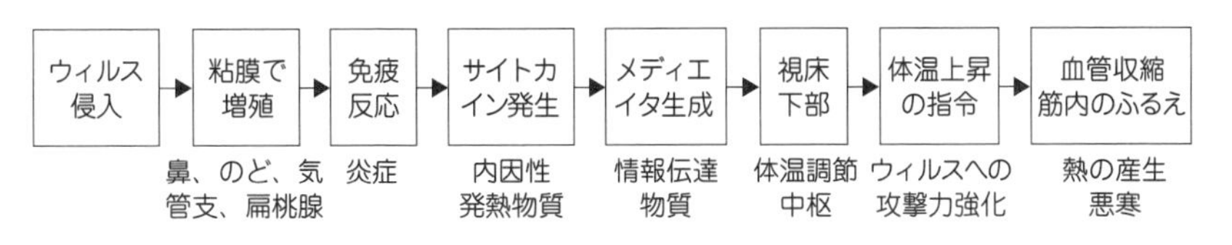

図2-3　風邪で発熱するまでの過程

まとめ　風邪はウイルスが体内で増殖すると、免疫細胞の働きでサイトカインという物質が作られ、情報が視床下部に届く。視床下部が設定温度を高く設定すると、体の表面の血管が収縮し手足の表面温度が下がり悪寒を感じる。やがて体温が上昇しウイルスが死滅しやすくなる。ウイルスが死滅したら視床下部が設定温度を低くするので体温が平熱に戻る。

コラム　熱の本質に関する理解の歴史

古代において、熱は光や火と同一視されていた。そして、火の正体については、その当時から科学者や哲学者がいろいろな説を唱えた。エンペドクレスやアリストテレスは火、空気、水、土を四大元素とし、デモクリトスは火の原子を考えた。このように古代では火は物質であるとする考え方が多かった。

17世紀に入ると、熱の本質についての議論が盛んになった。当時の熱理論は、熱は何らかの物質であるという熱物質説と、熱の原因を運動によるものと考える熱運動説に分けられる。ガリレオは「火の粒子」を仮定し、この粒子が運動することによって熱が発生すると考えた。熱運動説は下火になっていった。

これに対して、熱物質説は有力になっていった。シュタールは1697年、燃焼をフロギストン（燃素）という物質で説明するフロギストン説をとなえた。ラボアジエは熱物質説をとった科学者であったが、フロギストン説を否定した。物質の燃焼において中心的な役割をするのは、物質に含まれるとされていたフロギストンではなく、空気中に含まれる酸素であると提唱した。

18世紀後半に熱素説が提出され、熱は物質の一種であるとみなした。比熱容量や潜熱の実験によって初めて熱と温度を区別したブラックは「熱は微細で重さのない弾性流体で、物質粒子を取り囲み互いに反発する」と考え、熱素の原型をつくった。熱素を化学の元素表に加えたのはラボアジエで、化学反応に伴う発熱や吸熱を説明した。19世紀に入り、熱量測定はしだいに正確に行われたが、熱素に基づく説明の原理は延命した。

熱素説に対して、熱は物質粒子の運動であるとする議論がランフォードらによって早くから行われていたが、熱素説を崩すことはできなかった。1840年代にジュールらによりエネルギー保存則が提唱され、クラウジウス、ケルビンらによる熱力学の建設によって、熱素説による理論体系は基礎から崩壊した。

第3章

冷　却

この章では、氷や保冷剤の冷却原理、車のラジエータの冷却原理、打ち水や冷却スプレーの冷却効果について述べる。電流を流すと冷えるペルチエ素子の原理についても述べる。

第1話

氷が溶けても氷があるうちは0℃以上にならないのはなぜか？

スーパーでの買い物で、肉など冷却を必要とする客のためにレジ付近に氷が用意されている。その理由は、氷が溶けても氷があるうちは０℃以上にならないからである。

小中学校で氷をビーカーに入れてアルコールランプで加熱し、温度変化を測定する実験がよく行われている。実験は冷凍庫で作った氷を砕いてビーカーに入れ、温度計で温度を計るところから始まる。氷の温度は冷凍庫で作ると－20℃くらいであるが、氷を砕いたりしているうちに平均－10℃くらいになっている。これをビーカーに入れてアルコールランプで加熱すると、温度が上がりビーカーの下の方から氷が溶け出すころは０℃になっているはずである。だいぶ氷が溶けてくると、温度計が正しければ温度は０℃になる。温度計は残っている氷の量に関係なく０℃で変わりない。

そのとき、アルコールランプで加熱した熱はどこに行ったのだろうか？　それは氷を溶かすのに使われたのである。１gの氷を水に変えるのに、334J（79.8cal）の熱量が必要である。その熱量はアルコールなどに比べてかなり大きいが、その理由は氷が水素結合によって分子間が強く結合しているからである。

図３－１に六方晶の通常の氷の構造を示す。大きな灰色の丸は酸素を、小さな白色の丸は水素を、破線は水素結合を示している。１つの水分子を中心に見ると、周囲に４つの水分子に囲まれ水素結合によって結ばれている。これが水になると水素結合が部分的に切れて流動性が生じる。氷を水に変えるために水素結合を部分的（図３－１の破線の部分のいくつか）に切るための熱量が必要である。その熱量は、氷の構造の中の水の分子が決まった位置で結合した状態から、結合を部分的に切って構造を壊し、ある程度自由に動く状態になるため

のエネルギーとして吸収されたのである。それで、氷があるうちは熱を加えても熱は氷を水に変えるために使われるので温度は0℃で変わらないのである。

物質は固体から液体、液体から気体となるにしたがって分子の運動が活発になる。固体の分子運動は決まった位置で振動するのが基本で、そこから飛び出す確率は小さい。液体になると流動性が出てきて容器がないと流出してしまう。液体は流動性があるため、分子の位置が固定することなく絶えず運動している。液体になると表面から蒸発する確率が大分高くなる。気体になると容器に入れて完全に密閉しない限り、分子はどこへでも飛んで行く。固体、液体、気体となるにしたがって分子の運動エネルギーが大きくなるので、固体から液体、液体から気体にするときには余分にエネルギーを与えてやる必要があるのである。それらを融解熱および蒸発熱とよぶ。

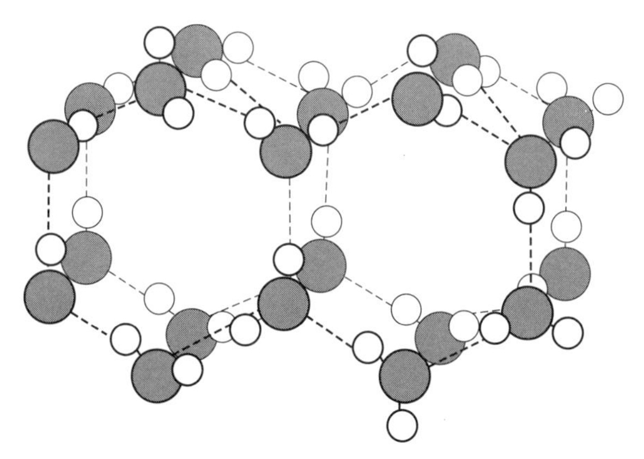

図3−1　氷の構造（六方晶）

> **まとめ**　氷をビーカーに入れて熱しても、氷があるうちは温度は0℃で変わらない。その熱は氷を水に変えるために吸収された。固体は結晶構造を持ち分子は決まった位置で振動しているが、液体になると熱は分子間の結合を部分的に切って構造を壊し、ある程度自由に動く液体の状態になるためのエネルギーとして使われる。そのエネルギーを融解熱とよぶ。

第2話

保冷剤はなぜ冷やすことができるか？

冷やすために氷が使われ、ケーキなどを持ち歩くときにはドライアイスが使われている。ドライアイスは二酸化炭素の固体で１気圧では－78.5℃で液体を経ずに気体となり、１g当たり約573Jの熱を吸収する。それでドライアイスは保冷効果が大きい。

最近になって、私たちが使う保冷剤の多くは、ゲル状のものである。ゲル状の保冷剤は、手軽で携帯もでき、触り心地も優しいため、1990年代以降、急速に普及した。成分の約99％が水で、残りは高吸水性高分子で、それ以外に防腐剤、形状安定剤が含まれている。ほとんどが水なので、安全性の高い素材である。高吸水性高分子には紙おむつに使われるポリアクリル酸ナトリウムが用いられる。高吸水性高分子は、高分子樹脂の繊維の網目の中に水分子を含んでいる。そのため、水が凍っても氷のような結晶構造ができず、柔らかい触り心地が保たれる。ではなぜこの高分子は、大量の水を吸収できるのだろうか？

吸水性高分子は図３－２にその構造を示すように、高分子の親水基を含むイオン網目、その対イオンである可動イオン、および水からできている。高分子のイオン性の部分はカルボキシル基（COO^-）、可動イオンはNa^+などである。マイナス電荷を持った高分子の親水基を含む三次元的網目構造の中で可動性のNa^+イオンと水とが束縛されている。高分子の基によるマイナス電荷の吸引力により、可動イオンの濃度が高分子の内側の方が高くなるため、浸透圧が発生する。この浸透圧により外側の水が内側に入ろうとする。この浸透圧と高分子の親水基と水との親和力が吸水力の原因である。網目の中に水分子を取り込むと、簡単には放れない。そのため乾燥せずにゲルの状態が保たれる。

ゲルの状態が保たれることによって、保冷剤の保冷時間は氷に比べて20％ほど長くなる。その理由は、水と違ってゲルには流動性がなく、対流が起こりに

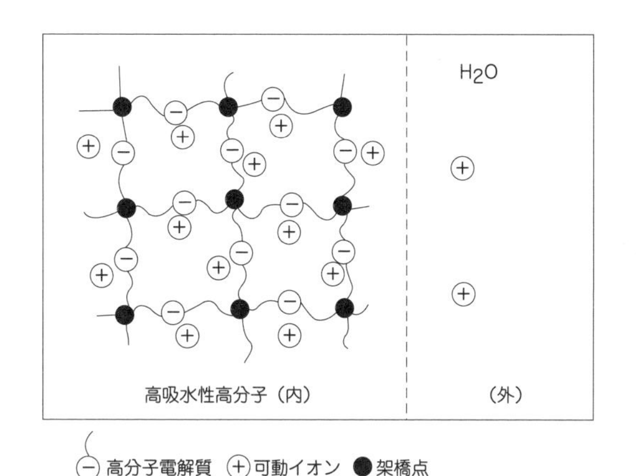

図3-2　高吸水性の高分子の構造

くいためである。液体の水は、水分子が自由に動くので温まった部分と冷たい部分の温度差が対流を引き起こし、全体が温まる。また、保冷枕などの冷却効果を高めるのにも、保冷剤の柔らかさが効いている。体の形に沿わせて面として接触するので、体の熱を奪う熱伝導が速く行える利点がある。

保冷剤は、食品の腐敗を防ぐため、および人の発熱時や、暑い時に涼をとるために使われる。保冷剤は、まず冷凍庫で凍らせてから使用する。保冷剤は、使用して温まっても、また冷凍させると何回でも繰り返し使うことができる。

最近、いろいろな温度の保冷剤が作られている。例えば6℃をキープする保冷剤がある。0℃以上の保冷剤には、水ではなくパラフィンを主成分にすることもある。水に代わる材料としてポリエチレングリコールの混合物が使われる。現在では多くの工夫により、－25℃から25℃までの温度のものがある。血液の輸送や再生医療分野などで需要が高まっているそうである。

まとめ　ゲル状の保冷剤は約99％が水で残りは高吸水性高分子である。吸水性高分子は網目の中に水分子を取り込むと、簡単には放れないため乾燥せずにゲルの状態が保たれる。保冷剤を冷凍庫で凍らせると、高分子樹脂の網目の中に水分子を含むので、水が凍っても氷のような結晶構造ができず、柔らかい状態が保たれる。

第3話

電流を流すと冷える素子とは?

ペルチェ素子とは、電流を流すと冷える電子部品で、サーモ・モジュールともよばれる。直流電流を流すことにより、冷却・加熱・温度制御を自由に行える半導体素子である。図3-3の(a)にペルチェ素子の原理図を(b)にペルチェ素子の外観を示す。実際のペルチェ素子においてはP型半導体とN型半導体とをいくつもつないで、冷却・加熱の熱量が大きくなるようにしている。ペルチェ素子の動作原理は、PN接合部に電流を流すと、N→P接合部分では吸熱現象が、P→N接合部分では放熱現象が発生する。その結果、素子の両面に温度差が発生し、低温側で吸熱、高温側で発熱が起こり、ペルチェ素子の低温側から高温側へと熱を押し上げ、ヒートポンプの役目をする。電流の極性を変えるだけでポンピングする熱の方向を変え、また与える電流の大きさを変えることで、ポンピングされる熱量の大きさを変えることができる。これにより、冷却・加熱・温度制御をごく簡単に行える。ペルチェ素子は、被冷却物とヒート

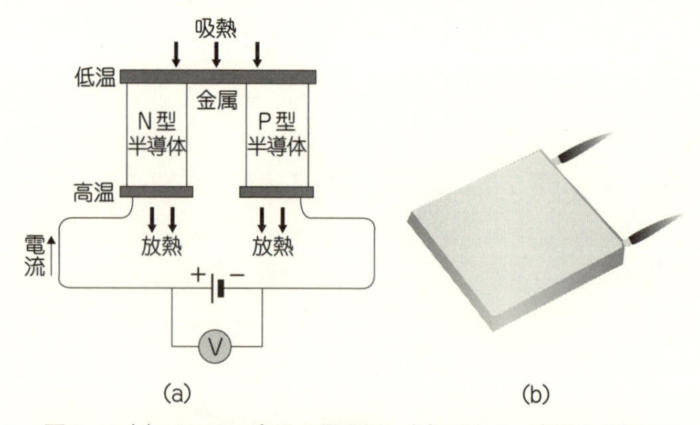

図3-3 (a) ペルチェ素子の原理図 (b) ペルチェ素子の外観
http://www.z-max.jp/peltier/experience/experience2.html

シンクを密着させて使用する。接合面に空気が残っていると熱伝導が悪くなり性能が発揮できなくなる。

ペルチェ素子を用いた電子冷却は、コンピュータのCPU冷却、車などに乗せる小型冷温庫、医療用冷却装置などに使用されている。ペルチェ素子を用いた温度制御では、流す電流の方向を変えるだけて加熱と冷却ができるので、加熱だけの制御に比べてより精密な制御が可能となる。特に室温付近での温度制御に有効である。

圧縮機と（フロン等の）冷媒を使う一般的な冷凍方式に対してペルチェ素子を用いた電子冷却は次のような特徴を持っている。フロン等の冷媒を使用しないので環境に対する悪影響がない、小型・軽量である、形状が自由に選定できる、可動部分が無いため振動・騒音がない、電気配線のみのため、取扱いが簡単である。

ただ、ペルチェ素子を用いた電子冷却は一般的な冷凍方式に比べて移動させる熱以上に、素子自体の放熱量が大きいため、電力効率が悪いという欠点がある。吸熱側で吸収した熱と、消費電力分の熱が放熱側で発熱するため、ペルティエ素子自体の冷却が大変であることが、冷却の手段として広く普及しない理由である。

また逆に温度差を与えることで電圧を生じさせることもできる。これをゼーベック効果という。ゼーベック効果を利用した発電も行われている。大型ディーゼル車排ガス、コージェネレーションのディーゼル排ガス、小型ゴミ焼却機の廃熱、工業炉の廃熱、変圧器の熱回収による温度差を用いた発電が検討されている。

まとめ　ペルチェ素子は電流を流すと冷える電子部品で、冷却・加熱・温度制御を行える半導体素子である。ペルチェ素子の動作原理は、PN接合素子に電流を流すと、NP接合部分では吸熱し、PN接合部分では放熱する。ペルチェ素子を用いた電子冷却は、コンピュータのCPU冷却、車などに乗せる小型冷温庫、医療用冷却装置などに使用されている。

第4話

車のラジエータの仕組みは？

ラジエータは自動車のエンジンケースを冷却するための放熱器である。車のエンジンの冷却システムを図3－4に示す。ラジエータは車の最前部に取り付けられていることが一般的で、走行するときに風がラジエータに当たる。風が当たることでラジエータ内の冷却水は冷やされる。冷えた冷却水はラジエータのホースを経由して、エンジン内にある水路に入る。エンジン内に入った冷却水は、燃焼によって熱くなったエンジンの熱を奪う。そのため水温が上昇する。エンジンの熱を奪った高温の冷却水はラジエータ内へと循環するので、また風に当たって冷やされる。冷却水がエンジンとラジエータを循環することで熱を奪い80～85℃に温度が保たれる。乗用車では一般的に約30％の熱をラジエータから放出している。

循環経路の途中にサーモスタットがあり、エンジンが冷えている時にはラジエータへの水路を閉じて冷却水を早く適温にし、適温になった後はラジエータへ流す冷却水の流量を制御して、水温を調整する役目をしている。

水は100℃で沸騰するがエンジン内の水温は100℃に達する可能性がある。沸騰するときに発生する泡は密閉されていると破裂する可能性がある。そこで、水が100℃では沸騰しないように加圧している。その役割をしているのがラジエータキャップである。ラジエータキャップの裏側にはスプリングがあり、このスプリングがラジエータキャップを強く押さえつけて加圧している。

車が走行していなくてもラジエータに風が当たるように働いている。それがクーリングファンである。ラジエータ側から冷却空気を吸い込み、ラジエータを流れる冷却水を冷やすと共に、エンジン本体も冷却する働きをしている。ファンの駆動はバッテリーを電源としてファン・モーターによって駆動されている。ファンは温度を感じ取って自動的にオンオフする。

最近ではだいぶ少なくなったが、オーバーヒートはクーリングファンに関係している場合が多い。特に渋滞時などで、ラジエータファンの故障によりラジエータへ風が当たらず、オーバーヒートする。また、車両前面に取り付けてあるラジエータに小石などが当たり、空気の通りが極端に悪くなってしまった場合や冷却水が漏れてしまうケースがある。漏れる原因はホース取付け部の劣化やひび割れ、エンジン内部の気密不良などである。

寒冷地では車のラジエータの中の水が凍ると、車の走行ができなくなる危険がある。そこで冬が近づくとエチレングリコールを水に溶かして入れ、液体の融点を下げる。エチレングリコールの水溶液は混合割合によって融点が変わり、40重量％で－20℃以下になる。エチレングリコールは$HOCH_2CH_2OH$の形で表わされ、分子の中にOH基を２つ持つので水に溶けやすい。

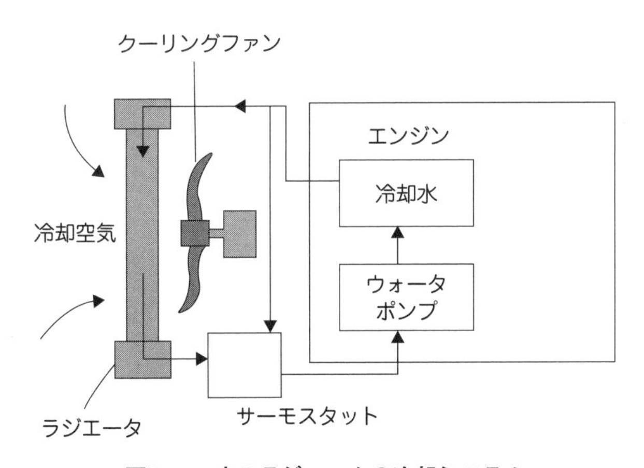

図3-4　車のラジエータの冷却システム

まとめ　ラジエータは自動車のエンジンケースを冷却するための放熱器である。走行するときに風がラジエータに当たることでラジエータ内の冷却水は冷やされる。冷えた冷却水はエンジン内に入ってエンジンの熱を奪う。冷却水がエンジンとラジエータを循環することで熱を奪い80～85℃に保たれる。

第5話

打ち水の効果は？

打ち水とは涼を取る目的で道や庭先などに水をまくことである。近年全国の市町村がヒートアイランド対策として、一斉に打ち水を行う計画を進めている。また人間の手による打ち水に加え、一部の都市では保水効果を高めるため道路に保水性舗装をしているところもある。

打ち水をすることで、水１gの蒸発につき約2440Jの気化熱が奪われるため温度が下がる。埃を抑える効果もある。打ち水は朝夕の日が高くない時間に庭や舗装されていない道路に撒くのが好ましい。気温が高く日差しが強い日中に打ち水をしても水はすぐに蒸発し、気化熱による気温の抑制効果が得にくい。舗装された道路など水があまり染込まない場所も同様である。朝夕の比較的気温が低い時間に土に撒くことにより、その効果を持続させることができる。

また、放射熱を減らすために熱くなった道路を冷やすのが効果的だとの考え方もある。人が暑さを感じるのは、空気の温度そのものから感じる暑さだけでなく、放射熱からも感じている。打ち水を行えば空気の温度はそれほど変わらないが、高温になった道路の温度を下げることで放射熱を減らし、体感温度が下がるという考え方である。いずれにしても、アスファルトの道路に打ち水を行うと黒くなり太陽光の吸収率が高くなるので、日の当たっていない場所に打ち水を行うのが望ましい。

さらに、打ち水によってそよ風が吹き、よけいに涼しく感じる。打ち水による温度低下でその場所の空気の密度が増加する。空気の密度が大きいところは圧力が大きく、圧力の高い方から低い方へ空気が流れる。打ち水をした所から、打ち水をしない所に向かってそよ風が吹くことになる。

植物への打ち水も効果的である。植物は蒸散により自分の体温を下げる仕組みを持っているからである。葉の陰になっている空間の気温は葉の表面温度よりも低くなるので、そこで冷やされた空気が風や対流で拡散し、植物周辺の温度は気温よりさらに降下する。これが植物による打ち水効果である。

保水性舗装は打ち水の効果を舗装道路に応用したものである。空隙の多い道路舗装に水を吸い込み保持する保水材を詰めたものである。降雨によって染み込んだ水が蒸発する時の気化熱を利用して、路面温度の上昇を抑制する。保水性舗装は日照りが長く続くと水分が不足し、その効果が発揮されなくなる。そのような場合は、実際に打ち水をして水を補給することが必要となる。

ミスト散布とは、液体を人工的に霧状にして散布（噴霧）することをいう。スプレーノズルの噴霧口からでる細かい霧を用いて加湿・冷却を効率よく行う。液体は水の場合が多いが、アルコール系溶剤などの薬剤を用いることもある。霧状となった水はその粒子径が５～30μmと極めて小さいために素早く蒸発し、肌や服が濡れることはほとんどない。霧は水を高圧ポンプで圧縮し、配管を経て微細な穴を持つノズルから噴射される。2008年８月24日の北京オリンピックの男子マラソンでは、走る選手へ冷却のためマラソンコースの数カ所で頭上からミスト散布を行った。

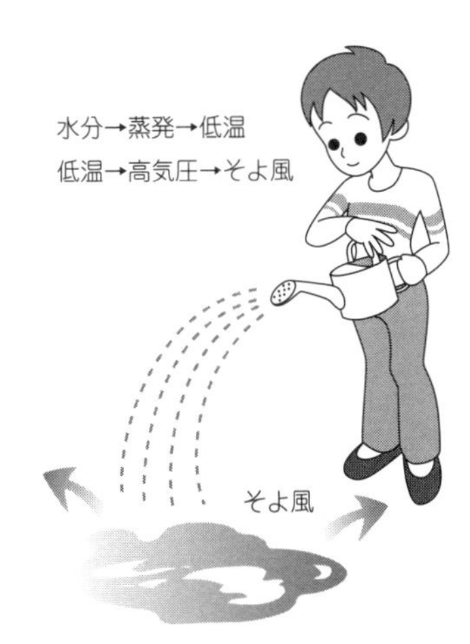

図3-5　打ち水の効果

まとめ　打ち水は道や庭先などに水をまき涼をとることである。打ち水をすると水1gにつき約2440Jの気化熱が奪われるため温度が下がる。打ち水は朝夕の日が高くない時間に庭や舗装されていない道路に撒くのが好ましい。打ち水で温度が低下し空気の密度が増加する結果、そよ風が吹く効果もある。

第6話

冷却スプレーの効果は？

スポーツで怪我をすると、応急処置として冷却スプレーで患部を冷やす光景を見かける。皮膚表面を急速に冷却し、痛みを軽減させる効果がある。

冷却スプレーは、プロパンやブタンなどの液化ガスを主成分としている。プロパンの沸点が約－42℃、ブタンの沸点が－0.5℃である。これらの液化ガスは室温で気体であるが、圧力を高くすると液体になる。冷却の原理は液化ガスの低温にあるのではなく、液体状のものが気化するときに奪う熱にある。スプレー缶の高圧の液体を噴射すると気体に変わり、体積が数百倍に増加し気化熱を奪う。プロパンとブタンの混合物の気化速度が速い成分はスプレーした気中でガス化するため噴霧ガス自体を冷却し、気化速度が遅い成分は、液体の状態で表面に付着し、その後の気化によって温度がさらに下がる。応答速度の速い温度計で測ると－40℃以下になる。スプレーした後の皮膚の温度をサーモグラフィーで測定すると３～５℃低下するという。

怪我の冷却スプレーでは、冷却により損傷部の感覚神経の反応が鈍くなり、疼痛を感じにくくなる。しかし、冷却スプレーは、長時間冷やすと凍傷の恐れがあり、深部の筋・腱などの部位までは冷却できない。

受傷部周辺では、組織細胞、血管、神経などの組織が損傷する。破壊された組織から血液や浸出液が漏れて炎症が起こる。周辺の血液の流れが悪くなり、正常な組織でも酸素不足により細胞が壊死する。このような損傷の拡大過程でアイシング（冷却）を行うと、血管の収縮により損傷部周囲の血流量が減少し、細胞の壊死が抑制される。これらの損傷組織は深部にあることが多いので、アイシングには表層だけ冷却する冷却スプレーよりも０℃付近の氷を用いることが望ましい。氷はクーラーボックスなどを用意する必要があるが、冷却スプレーは持ち運びが便利である。冷却スプレーはあくまで応急処置と考えるべきである。

冷却スプレーはカメムシ、ゴキブリ、ムカデなどの殺虫スプレーとしても用いられている。冷却スプレーを噴射し、瞬時に凍らす殺虫剤である。虫の体の表面から効率的に熱を奪い虫を仮死状態にする。殺虫スプレーは、液体状のプロパンやブタンに加えてイソペンタンが用いられる。イソペンタンの沸点は28℃なので気化速度が速く、噴射された対象の表面温度をすぐ下げる効果がある。殺虫成分を含む殺虫剤は、害虫が殺虫成分に触れると神経伝達を阻害し、気門による呼吸を止め、動作が鈍り、最終的に死に至る。冷却による殺虫スプレーは、通常の殺虫成分を含む殺虫剤に比べると、害虫の駆除に至るまでの時間がより多くかかる。

冷却スプレーは炭化水素系の可燃性ガスで、空気より重く一定時間滞留しやすい性質を持つ。そのため取り扱いには火気厳禁が絶対条件となる。

冷却スプレーには、メントールを主成分とするアルコール系の成分もある。メントールを皮膚に接触させると冷やりとした感覚が生じる。

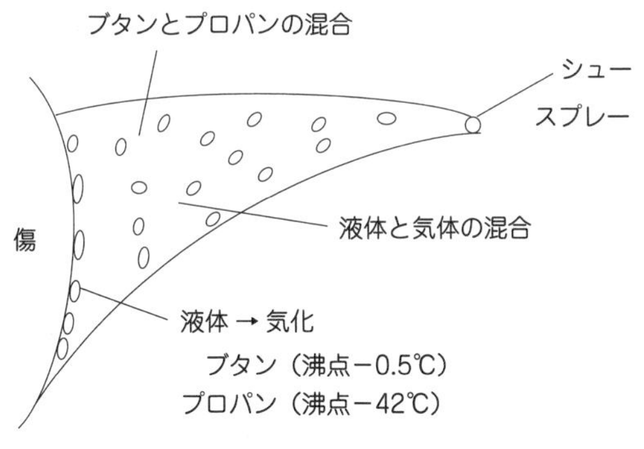

図3-6　冷却スプレーしている様子

まとめ　冷却スプレーは患部表面を急速に冷却し痛みを軽減させる効果がある。冷却の原理は液化ガスそのものの低温にあるのではなく、液体が気化するときに奪う熱にある。プロパンとブタンのガスをスプレー缶に高圧で詰めると液体状で、噴射すると気体に変わり体積が数百倍に増加すると共に気化熱を奪い－40℃以下の温度になる。

コラム　冷却方法あれこれ

冷却したい時は、部屋の温度を下げたい、食品の鮮度を保ちたい、打撲で患部を冷やしたい、原子炉やコンピュータの温度上昇を抑えたい場合などである。これには、液体（水）の気化熱、氷の融解熱、水の顕熱、水への溶解熱、空気による放熱を利用する方法などがある。

気化熱を利用する方法としては、人間の発汗はその典型例である。汗が蒸発するときに皮膚から気化熱を奪うので涼しくなる。冷却スプレー、打ち水、保水性道路舗装なども同様である。水を用いないが、エアコンの冷房や冷蔵庫なども同じ原理で低温を得ている。炭化水素やフロンなどの液体を膨張弁から膨張させることで気体にし、気化熱を奪って温度を下げる。

氷の融解熱を利用する方法として、魚に氷を接触させるなど氷の融解熱の直接利用がある。高分子吸収剤を使った保冷剤やアイスノンも氷の融解熱を利用する。これらは氷が直接水となって溶け出さないので、扱いが便利である。

水の顕熱を利用する方法として、原子炉の冷却に海水を使う場合などがある。冷却に使われた海水は温度が上がる。一般に水冷といわれる方法である。

水への溶解熱を利用する方法としては、携帯用の冷却パックなどに使われる。この冷却パックは硝酸アンモニウムと尿素を水に溶かして低温を得ている。中の袋を叩いて破ると冷たくなる。水に溶解する時に熱エネルギーを必要とするが、その熱エネルギーを周りから奪うため（吸熱溶解）温度が下がる。

空気との熱交換により放熱する方法は、一般に空冷と呼ばれる。熱交換により発生する上昇気流によって空気の入れ替えを行う自然空冷方式と、ファンやダクトを使って冷却風を積極的に取り入れて機械に吹き付ける強制空冷式とがある。水冷方式と比較すると構造が簡単な反面、冷却効率は劣る。その理由は空気が水に比べて体積当たりの比熱容量が非常に小さいからである。

第4章

熱の伝わり方

この章では、金属と木がなぜ熱の伝わり方が違うのか、その理由について考え、魔法瓶の保温性能が高い理由について述べる。低温から高温に熱を汲み上げるヒートポンプや金属より100倍以上熱を伝えやすいヒートパイプについても述べる。

第1話

金属はなぜ触ると冷たいか？

同じ部屋に木と金属があったとして指で触れた場合、金属の方が冷たく感じる。木と金属は同じ温度であるはずなのにどうして金属の方が冷たく感じるのだろうか？

私たちが日常生活している温度は通常10～30℃で、体温より低い温度である。指が金属に触れると指の温度が高いので指から金属へ熱が流れる。触っている部分の金属の温度は、他の部分の金属の温度に比べて高いので熱は指の近くの部分から遠くの方に向かって流れる。金属の熱伝導率が大きいので流れる熱量が大きく、指から奪う熱量が大きいので冷たく感じる。金属の熱伝導率は、銀が420 $Wm^{-1}K^{-1}$、銅が398 $Wm^{-1}K^{-1}$、鉄が84 $Wm^{-1}K^{-1}$、ステンレスが16.7～20.9 $Wm^{-1}K^{-1}$で、木の熱伝導率は、0.15～0.25 $Wm^{-1}K^{-1}$である。木に比べて金属の熱伝導率は100倍以上もある。木の場合に熱があまり伝わらないので、指に近い部分の木の温度が指の温度と近くなるため冷たくない。

もし直射日光に当たっている木と金属があったとして温度が50℃以上だとする。この場合、木と金属に指で触れたとすると、金属の方が熱く感じる。理由は同じで、金属の方が指に比べて温度が高く、木に比べて金属の方が熱伝導率が大きいので金属から指へ流れ込む熱量が大きいからである。

金属の熱伝導率は電子による寄与と、格子振動による寄与との和で表される。電子による寄与は、金属は自由電子を持っていて電子が結晶内を自由に動き回って熱を運ぶことによる。格子振動による寄与は、結晶格子間を伝わる原子の振動を通して熱を運ぶことによる。電子による寄与は、電子の輸送も熱の輸送も同じ電子が受け持つので、電気の良導体は熱の良導体でもあるというヴィーデマン・フランツ則が成り立つ。電子伝導の抵抗として働くのが主として不純物による電子の散乱である。自由電子は不純物があると散乱して熱抵抗が増加する原因となる。ステンレスの熱伝導率が鉄に比べてかなり小さくなるのは、合金の場合に異種金属が不純物の役割を果たして、電子を散乱するからと考えられる。

一方、木はセルロースが主成分でそれ以外に、ヘミセルロース、リグニンでできている。セルロースはブドウ糖が1万個以上線状に結合している。これが束状になったミクロフィブリルによって木の細胞の細胞壁を作っている。ヘミセルロースはセルロースに似ているがブドウ糖など単糖類が100～300しか結合していないもので、ミクロフィブリルを結びつけている。リグニンは細胞同士を固める接着剤のようなものである。木は炭素、水素、酸素を主成分とする繊維状の高分子の束を接着剤で固めたような材料で、空洞もあり電気的、熱的に絶縁体である。熱の伝導は格子振動により行われるが、その大きさは金属に比べてかなり小さいものである。

皮膚感覚は、触覚、痛覚、温度覚など、主に皮膚に存在する受容細胞によって受容されて知覚される感覚である。人は皮膚表面や体内にある温点・冷点で温度を感じ取る。温点は暑さを、冷点は寒さを感じる受容器である。冷点は温点よりずっと多く、しかも皮膚表面に近い位置にある。そのため、人は暑さや温かさより、寒さや冷たさに敏感である。温度感覚器は身体部位によって密度が異なり、たとえば口唇は足裏の6倍の密度である。また刺激される範囲が広いほど温感が強くなることから、一定の面積に刺激があると温感が生じると考えられている。冷たいと感じる冷点は温点よりも圧倒的に多く、24～30℃の間では0.5～1℃の弁別が可能で、体表全体の温度変化ならば0.01℃の差を識別できる。冷受容器（冷線維）と温受容器（温線維）があり、それぞれ15～33℃、33～45℃の刺激に反応する。これらの範囲外の温度には痛覚が生じる。

まとめ　金属の熱伝導率が木に比べて大きいので、指から奪う熱量が木に比べて大きいので冷たく感じる。木の場合は熱伝導率が小さく、指に近い部分の木の温度が指の温度と近いので冷たくない。金属の熱伝導率が大きいのは、金属は自由電子を持っていて電子が熱を運ぶからである。木は絶縁体で格子振動により熱の伝導が行われ、金属に比べてかなり小さい。

第2話

魔法瓶はなぜ保温性能が高いか？

魔法瓶は保温性の高い容器の構造になっており、中に入れたものを長時間にわたり保温できる。水筒やポット、鍋などの形状で、主にスープやお茶などの食品、飲料を保温するのに用いられる。持ち運びできる水筒は温かいお茶やスープ、氷水などを入れて行楽に用いる。これを応用して、ご飯を温かいままにできる弁当容器も作られている。湯と生卵を魔法瓶に入れておくことで温泉卵を作ったり、小豆などの豆類と湯を入れることでふやかして下ごしらえしたりすることもできる。

魔法瓶は図４－１に構造を示すように、二重構造で内瓶と外瓶との間の空間が真空になっている。そのことによって内瓶と外瓶との間に大きな温度差があっても熱があまり移動しなくなっている。

一般に、熱の移動には、伝導、放射と対流の３つの機構がある。伝導は固体、液体、気体が運ぶ熱伝導で、分子が密であるほど熱伝導が大きくなる。伝導は、固体の場合は最も寄与が大きいが、気体は一番分子がまばらであるため熱伝導が起こりにくい。これを真空にすれば熱を運ぶ分子がないので伝導による熱移動をゼロにできる。放射は光による熱の移動で、魔法瓶の使用条件では赤外線が寄与する。放射による熱の移動は真空中でも起きるが、表面の放射率を小さくすればこの寄与を小さくすることができる。対流は液体や気体による熱の移動で、真空にすればゼロにできる。

容器の中に入れたものの温度が変化するのは、熱が内容物が触れている容器の内壁に移動し、そこから容器の外壁を通して容器の外に逃げるからである。内容物の熱が触れている容器の内壁に移動することは避けられないが、図４－１の二重構造の内瓶と外瓶との間の熱の移動を小さくすることはできる。

ここで、内瓶と外瓶との間の熱の移動について考える。内瓶と外瓶との間は

0.001Pa程度の真空になっている。気体による熱伝導はもともと小さいが、0.001Pa程度の真空は1気圧（約10^5Pa）より8桁小さい気圧である。熱を輸送する気体の分子が極めてまばらなので気体による熱伝導はほぼゼロと考えてよくなる。

放射による熱の移動は真空中でも起きるので、最も重要な点である。魔法瓶を用いる室温付近の温度領域では、波長が数μmの赤外線が寄与する。ガラス製の場合、真空側の面は銀メッキが施されており鏡面になっていて光を反射しやすくなっている。赤外線の放射そのものを防ぐことはできないが、真空側の面にメッキを施し表面を鏡面にすることで赤外線を反射し、表面の放射率をかなり小さくできる。それで、放射による熱移動の9割程度を減らすことができる。3つ目の対流は気体や液体による熱移動の寄与であるが、真空にすることでこの寄与をほぼゼロにできる。

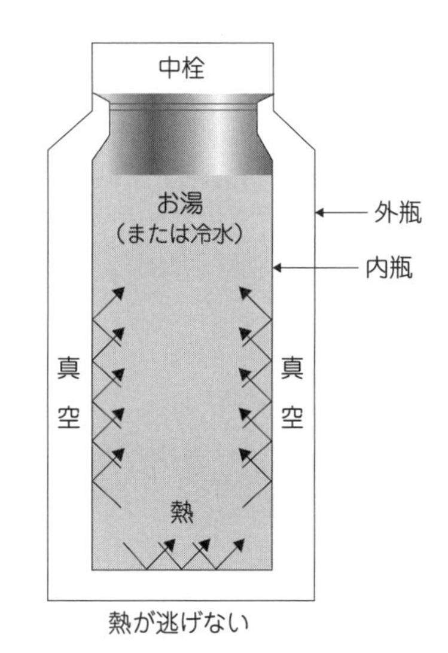

図4−1　魔法瓶の構造
（出典：タイガー魔法瓶（株）ホームページ）

まとめ　魔法瓶は二重構造になっており、内瓶と外瓶との間の空間が真空になっている。真空にすれば熱を運ぶ分子がないので伝導による熱移動をゼロにできる。真空側の表面を鏡面にすることで赤外線を反射し、放射による熱移動の9割程度を減らせる。魔法瓶は伝導、放射、対流による熱の移動をいずれも小さくするので保温性能が高い。

第3話

冷蔵庫で作った氷に触るとなぜ指にくっつくか？

冷蔵庫から出したばかりの氷に触ると指にくっつくことがある。でも溶けかかって表面に水がある氷に触ってもくっつかない。冷凍庫から出したばかりの氷だと、どうしてくっつくのだろうか？

冷蔵庫の製氷室の中は－20℃くらいには冷えている。この温度の氷に触ると、指の温度が高いために氷の表面がすこし溶けて水になる。この状態で、熱は指の内部から指の表面へ、指の表面から溶けてできた水へ、水から氷の表面へ、氷の表面から氷の内部へと流れる。また、指の表面の温度が下がり、氷の温度は少し上がる。

ここで問題なのは、熱の伝わり方がどこが一番遅いかということである。熱の伝わり方は熱伝導率という値で示せる。指の表面の主成分はタンパク質でできていて、熱伝導率が約0.2Wm^{-1}K^{-1}と氷の2.2Wm^{-1}K^{-1}に比べてとても小さい。それで指の内部から指の表面への熱の伝わりが一番遅いと結論できる。

それで、指の表面温度はどんどん下がる。一方、氷と指の間で溶けた水には指の方からは熱があまり流れてこないのに、氷の中の熱の伝わりが速いので、水が冷やされて氷になる。このとき、指の表面にあった水分も氷に変化する。つまり、いったん溶けた水や指の表面にあった水分が指と氷の間の接着剤の働きをして、指が氷にくっつくのである。ところが、溶けかかった氷だと氷の表面温度が０℃になっているので、氷と指の間にある水を凍らせることはできない。それで、溶けかかった氷は指にくっつかないのである。また、かなり低温の雪に触っても指にくっつかない。雪は空気を多く含んでいて熱伝導率が氷に比べてかなり小さいからである。

氷だけではなく、－20℃程度に冷えた金属に触っても指がくっつくことがある。これは、金属の表面にできた霜などの水分、指の表面にある水分が氷となって接着剤の働きをするからである。この場合、金属の熱伝導率が氷に比べてはるかに大きいので、いったん溶けた水が氷になる速度が速く、よりくっつきやすいといえる。このような状態になったとき、あわてて無理にはがそうとすると、皮膚がはがれて怪我をすることになる。指がついたところに水をかければ簡単にとれる。接着剤が氷であるのでそれを溶かせばよいのである。

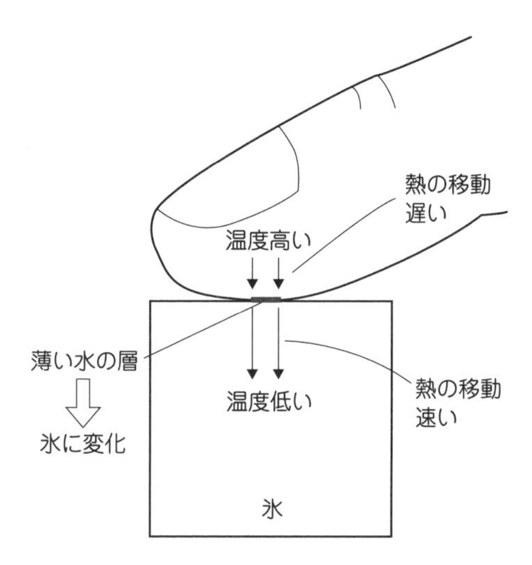

図4-2　指と氷がくっついている様子

まとめ　冷蔵庫から出した-20℃くらいの氷に触ると、指の温度が高いために氷の表面が少し溶けて水になる。氷の熱伝導率に比べて指を構成するタンパク質の熱伝導率が10倍程度小さいので、溶けた水および指の表面にあった水は冷やされて氷になる。いったん溶けた水および指の表面の水が氷となって接着剤の役目をするので氷が指にくっつく。

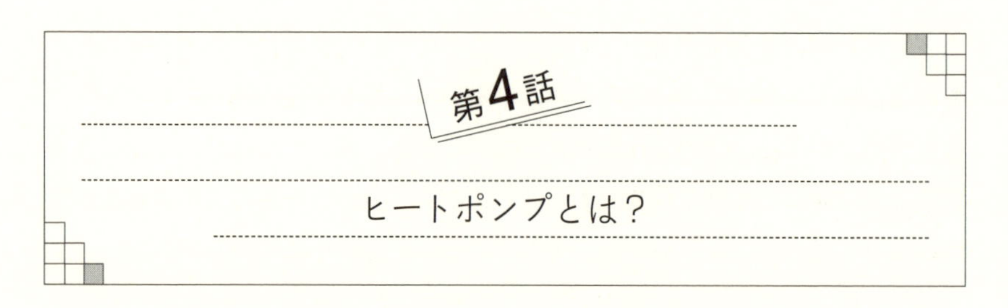

第4話 ヒートポンプとは？

熱は高温部から低温部へ自然に移るが、逆に低温部の熱が高温部へ移る現象は起こらない。このような現象を不可逆変化といい、熱力学の第2法則で説明されている。ヒートポンプは自然界での熱の移動現象に逆らって、熱を低温部から高温部へ移動させる装置である。揚水ポンプが水を高い所へくみ上げるように、熱をくみ上げる意味でヒートポンプとよばれる。ヒートポンプでは動力を用いて低温部から高温部に移動させるので、熱力学の第２法則に反しない。

ヒートポンプでは、熱の移動は作動流体を介して行われる。フロン類、アンモニア、水、炭化水素のような流体が使われる。ヒートポンプは図４－３に示すように圧縮機、蒸発器、凝縮器、膨張弁の４つの機器で構成される。圧縮機は作動流体を圧縮して昇温する機器である。熱交換器は温度の異なる２つの流体間で熱交換を行う装置で、蒸発器と凝縮器とがある。膨張弁は高圧になった作動流体を膨張させる。冷房または暖房のときに、作動流体の移動が単一方向

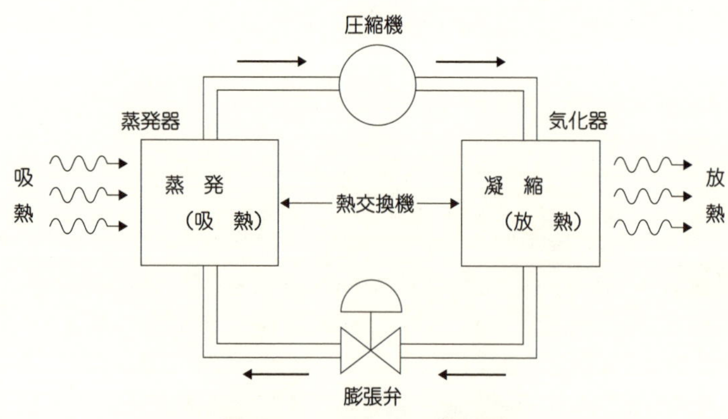

図4−3　ヒートポンプの原理

（出典：日本電気技術者協会　http://www.jeea.or.jp/course/contents/12111/）

だけの場合、膨張弁は３方弁を用い、冷・暖房の両方の機能があり、作動流体の移動が両方向になる場合は４方弁を用いる。

ヒートポンプは次の３つの動作で低温部の熱を高温部へ移動させる。①作動流体が低温部で蒸発、吸熱する。②圧縮機によって圧縮し、高温部で凝縮放熱する。③膨張弁で減圧し降温する。この結果、作動流体は蒸発、圧縮、凝縮（液化）、膨張から再び蒸発と連続的に状態が変化する。このサイクルにおいてエネルギーを使うのは圧縮の過程だけで、燃料を使わない。図４－３を暖房に使う場合は、吸熱を室外（大気や廃熱利用）から行い、膨張弁から出た－10℃程度の気体を暖め、圧縮機によって昇温して気化器で放熱する（室内側）。このとき、低温（－10℃程度）の流体を高温（60℃程度）にして室内側まで持ってくるのに室外からの吸熱と圧縮機による加熱を使っているが、室外からの吸熱の寄与が大きいのでエネルギーの節約になっている。

ヒートポンプを応用した機器としてはまず空調機器があげられる。これは作動流体の流れる方向を逆にすることによって冷房・暖房の両方が可能であるほか、燃料を使わないため安全・衛生的であり、設置・保守・運転が容易である。冷却（冷房・冷蔵・冷凍・製氷）には代替手段が乏しいため、冷凍冷蔵庫、エアコンなど、冷熱を得るほぼ全ての分野でヒートポンプが使われている。

近年家庭向けに自然冷媒ヒートポンプ給湯機（商品名：エコキュート）が開発され、高温を得る機器にも使用され性能も向上しつつある。暖房のために直接燃焼させて熱エネルギーを得るより二酸化炭素排出量が約半減する。

大都市における工場の排熱や河川水熱、下水処理水などの熱は大気中に捨てられていたが、河川水を夏季には水熱源ヒートポンプの冷却水として、冷季には熱源水として地域冷暖房システムに利用している。

まとめ　ヒートポンプは自然界での熱の移動に逆らって、動力を用いて熱を低温部から高温部へ移動させる装置である。フロンなどの作動流体が、蒸発、圧縮、液化、膨張へと連続的に変化することで熱が低温部から高温部へ移動する。ヒートポンプは冷・暖房が可能なエアコン、冷凍冷蔵庫、ヒートポンプ給湯機など冷熱源および温熱源に使用されている。

第5話

ヒートパイプとは？

ヒートパイプとは、熱の移動効率を向上させる技術や仕組みの一つである。金属パイプの内部を真空に排気して作動流体を封入し、パイプの片側を加熱してもう片側を冷却すると加熱側で液体が蒸発してその蒸気が冷却部で凝縮して液体になる。このような蒸発と凝縮に伴う潜熱移動により、小さな温度差で加熱部から冷却部に大量の熱が輸送される。伝熱量は 熱媒体の流量と潜熱だけで決まり、距離には関係しない。銅の丸棒の熱伝導に比べ100倍にも達する熱輸送性能が得られる。

ヒートパイプは凝縮液を冷却部から加熱部に戻さないと連続的に作動しない。凝縮液を戻す方法としては、ウィック式が一般的である。図４－４にウィック式ヒートパイプの原理を示す。左下で作動流体を加熱すると、蒸気が右上部に移動する。凝縮部で液体となった凝縮液は金網（ウィック）での表面張力による毛細管作用で凝縮液を加熱部に還流する。ウィックには銅の極細線が使われる。この方式では、高低差がない場合や無重力の宇宙空間でも利用できる。パイプとウィックには銅、作動流体には水、ナトリウム、カリウム、フロンなどが使われる。

このようなヒートパイプは熱輸送量がある値以上になると作動しなくなる。ウィック式では液が加熱部に戻る流量は、毛管力限界を超えると熱輸送が停止する。サーモサイホン式は上下方向に作動流体が移動する方式である。ヒートパイプの下方を加熱し、重力によって液を還流するが、加熱量の増加に伴い蒸気流速が増加し、あるところで下向き液膜流れと上向き蒸気流の対向流が不安定となり、液膜が逆流する。これをフラッディング限界という。CPUなど電子素子の高性能化に伴う発熱量増加に対応するため、これらの問題点を克服してヒートパイプの熱輸送限界の向上が望まれている。

熱輸送能力の向上のために、自励振動ヒートパイプが注目されている。このヒートパイプでは加熱部と冷却部の間に細い流路を何回も往復させ、この流路内を真空に排気した後、作動流体を半分程度封入する。加熱量が小さい場合には液は冷却側に偏って存在し、静止したU字型の液柱となるが、加熱量の増加とともに液柱が自励的に振動するようになり、この振動流によって加熱部から冷却部へ熱が運ばれる。従来のヒートパイプに比べ高い熱輸送限界を達成する可能性がある。

ヒートパイプは当初NASAによって人工衛星における電子機器の冷却手段として開発されたが、コンピュータのCPU冷却やパワーエレクトロニクス素子の冷却など地上でも使われるようになった。

石油のパイプラインにもヒートパイプが利用されている。米アラスカ州のトランス・アラスカ・パイプラインは永久凍土上に敷設されており、パイプラインが発する熱で永久凍土が溶けるのを防ぐため、支柱にヒートパイプが内蔵されている。熱は地中から空中の一方方向にのみ移動するようになっている。

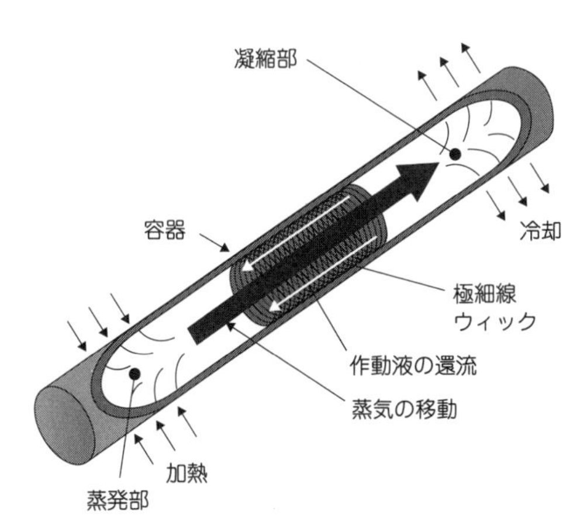

図4-4　ウィック式ヒートパイプの原理
（出典：フジクラホームページ）

まとめ　ヒートパイプは、熱の移動効率を上げる技術・仕組みの一つである。金属パイプの内部を真空に排気し、作動流体を封入してパイプの片側を加熱してもう片側を冷却すると、加熱側で液体が蒸発し、蒸気が冷却部で凝縮して液体になる。蒸発と凝縮に伴う潜熱移動により、小さな温度差で加熱部から冷却部に大量の熱が輸送される。

第6話

サウナの温度が100℃でもやけどしないのはなぜか？

サウナ室の中は、下段は70℃、上段は100℃ほどで、湿度は10％前後と乾燥状態にある。私たちは60℃の浴槽に入るとやけどをするが、サウナ室の中では100℃でも平気である。サウナの中ではどうして平気なのだろうか？

それは、水と空気では熱の伝わり方が大きく違うからである。42℃の浴槽にアルコール温度計を入れて温度を測ると数秒でほぼ42℃になる。42℃の空の箱の中にアルコール温度計を置いても42℃になるまでに数分はかかる。その理由は、水と空気の性質の違いである。

水の熱伝導率は0.68 $Wm^{-1}K^{-1}$、水蒸気と空気の熱伝導率はそれぞれ0.032 $Wm^{-1}K^{-1}$、0.024 $Wm^{-1}K^{-1}$である。また、水の体積当たりの熱容量は4.2 $JK^{-1}(ml)^{-1}$、水蒸気と空気の体積当たりの熱容量はそれぞれ0.0012 $JK^{-1}(ml)^{-1}$、0.00096 $JK^{-1}(ml)^{-1}$である。水の熱伝導率は空気および水蒸気に比べて20倍以上大きく、水の熱容量の方は数千倍である。熱容量を体積当たりで比較する理由は、同じ１gで比較しても気体は多くの空間から分子を集めてこないと１gにならないが、水の場合は１mlで１gになるからである。結果として、水は空気および水蒸気に比べて熱を伝えやすく、体に接触したときの熱の移動量は水の方がはるかに大きい。

サウナ室では顔のあたりで100℃ほどである。しかし、顔の皮膚の温度は体温より少し高いだけである。サウナ室の中の空気が乾燥しているため、皮膚についた水分が蒸発しやすく熱を奪う。さらに、空気と水蒸気の熱伝導率と熱容量が小さいために、皮膚への熱の補給が十分な速度で行われない。その結果、皮膚の近くで急な温度勾配ができ、皮膚の温度があまり上がらない。

サウナ入浴の前に、コップ１杯の水を補給しておく、体を洗い汗をかきやすくしておく、体の水分を拭くことが望まれる。これらは、体の汚れをとり良い汗をかくための準備である。サウナ入浴法として、標準的には、90～100℃のサウナに8～10分ほど入った後、冷水シャワーや水風呂で冷却する、しばらく休憩して再び熱いサウナに入る、これを何度か繰り返す。入浴が終わったら、まずは水を1杯飲み、その後はビタミンを摂取できるフレッシュジュースなどを飲むことが望ましい。喉が渇いたからといって、入浴後いきなりビールを飲むとかえって乾きが増す。

サウナに入ると大量の汗が出る。これによって、血流が安静時の2倍近くになるので、酸素の摂取量が増え、疲労物質である乳酸の排泄が促進され、生理機能を高める。また、血液循環が良くなり、美容効果、心臓機能の向上、ホルモンのバランス回復、メンタル面のリラックス効果もあるといわれている。

飲酒したあと、発熱しているとき、満腹、空腹すぎるときや血圧や心臓、循環器系に病気がある人はサウナに入るのはよくない。また、金属性の装身具を身につけたまま入ると、そこはすぐサウナ室の温度になるので危険である。

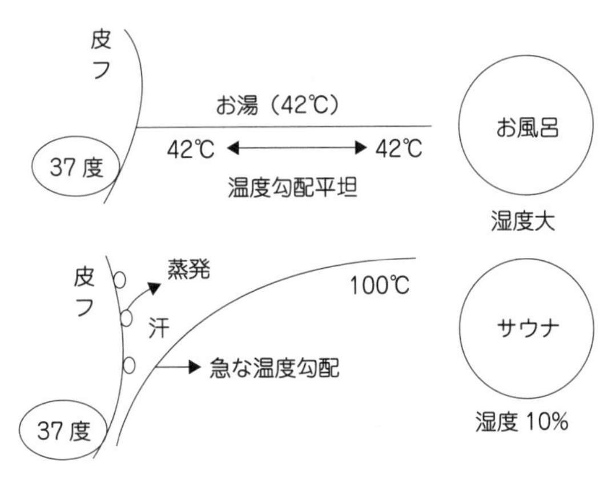

図4－5　お風呂とサウナの温度、湿度条件の比較

まとめ　浴槽では体に水が接触したときの熱の移動量は空気や水蒸気に比べてはるかに大きい。サウナ室では100℃ほどの空気や水蒸気に皮膚が接触しているが、皮膚では体温より温度が少し高いだけである。それは皮膚についた水分が蒸発しやすく皮膚近くの温度が低いのと空気と水蒸気の熱伝導率と熱容量が小さく、皮膚への熱の補給が遅いためである。

第7話

ダイヤモンドはなぜ熱を伝えやすいか？

ダイヤモンドは最も硬く、最も熱を伝えやすい物質である。金属の熱伝導率は銀が420$Wm^{-1}K^{-1}$、銅が398$Wm^{-1}K^{-1}$と非常に大きい。金属の熱伝導率が大きい理由は、自由電子が結晶内を自由に動き回って熱を運ぶことによる。一方、ダイヤモンドの熱伝導率は2000$Wm^{-1}K^{-1}$と金属に比べても数倍大きい。ダイヤモンドの熱伝導率はなぜ大きいのだろうか？

一般に、物質の熱伝導は、気体や液体では分子の運動が熱を伝えるが、固体では電子による寄与と、格子振動による寄与との和からなる。

ダイヤモンドは価電子がすべて満たされているため絶縁体である。伝導に寄与する電子がなくダイヤモンドの熱伝導は格子振動による。ダイヤモンドでは1つの炭素原子が正四面体の中心にある。頂点上の４個の炭素原子それぞれがsp^3混成軌道とよばれる強固な結合をしており、４個は幾何的に等価である。

原子が格子点近くの位置で格子振動をしており、振動の波である格子波（フォノン）が熱を輸送する。原子の集合が金属のバネで結合していると仮定すると、バネの振動は減衰することなく遠くの原子にまで伝わる。こういう状態では熱伝導率は無限大になる。バネに働く力Fはバネ定数をk、変位をxとすると、$F=-kx$と表される。金属のバネの位置（ポテンシャル）エネルギーEはF を積分して、$E=(1/2)kx^2$と表され、２次曲線となる。原子間ポテンシャルの形が2次曲線であれば熱伝導率は無限大である。実在の格子のポテンシャル曲線は図４－６に一例を示したように２次曲線ではなく、極小点に関して非対称で３次以上の項が含まれている。実在の格子のポテンシャル曲線が非対称になる理由は、原子間距離rが小さいと内核電子同士が接触するため斥力が非常に大いが、rが大きいとイオン結合、共有結合、金属結合などによって引力が緩やかに働くためである。極小点では斥力と引力が釣り合い、そこで熱振動している。極小点付近で、非調和振動（3次以上の項）によってフォノンの散乱が起こり、熱抵抗が生じ、熱伝導率は有限となる。

図4－6で横軸は原子間の距離rで、極小点付近で原子が振動していて、0, 1, 2と示したのが振動のレベルである。ポテンシャル曲線の底の形が放物線に近いほど、金属バネのモデルに近く熱伝導率が大きくなる。

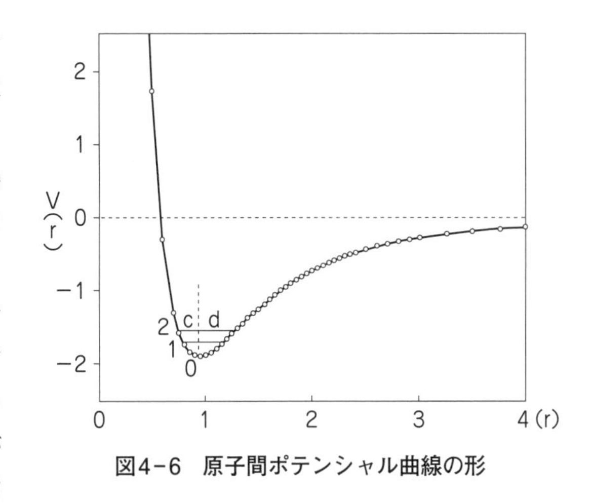

図4−6　原子間ポテンシャル曲線の形

一般に、原子間ポテンシャルの底が深いほどポテンシャル曲線の底の形が放物線に近くなる。原子間ポテンシャルの底の深いほど、つまり、結合力が強いほど調和振動子に近く、熱伝導率が大きくなる。ダイヤモンドは強固な共有結合があるため、原子間ポテンシャルの底が深く熱伝導率が非常に大きい。

不純物の存在によって熱伝導率が変わる。天然ダイヤモンドは質量数の違う^{12}Cと^{13}Cとが混在している。^{12}Cと^{13}Cが混在すると、フォノンの振動数が異なりフォノンの散乱が生じるため、熱伝導率が小さくなる。質量数12の炭素原子（^{12}C）99.9%で構成された単結晶合成ダイヤモンドの室温における熱伝導率は3300$Wm^{-1}K^{-1}$と固体中で最大となる。違う元素の不純物が多くなれば、フォノンの散乱がさらに大きくなり熱伝導率は小さくなる。

まとめ　ダイヤモンドは最も硬度が高く、最も熱伝導率の大きい物質である。ダイヤモンドは4個の等価で強固な共有結合を持っているため、原子間のポテンシャル曲線の底が深く、格子振動が金属バネの振動（調和振動子）に近くなるので熱伝導率が非常に大きくなる。

コラム

物質の熱伝導率と電気伝導率の比較

各種物質の熱伝導率および電気伝導率を表４－１に示す。熱伝導率については、一番熱伝導率が大きいのがダイヤモンドで、金属がそれに続き、気体である空気が一番小さくなっている。ここで注目したい点は、一番熱伝導率が大きいダイヤモンドから一番熱伝導率が小さい空気まで５桁の幅しかないことである。

一方、電気伝導率については、一番電気伝導率の大きい銀と一番電気伝導率の小さいダイヤモンドや石英ガラスとでは25桁も違っている。金属は自由電子を持っていて電子の濃度と移動度が大きい。それに比べ、ダイヤモンドや石英ガラスなどの絶縁体では、電子が移動するには価電子帯から伝導帯に向かってバンドギャップを超えなければならないので電気伝導率が小さい。

熱伝導率の大小の幅が５桁しかないのは、熱の絶縁体がないことが原因と考えられる。電気伝導の場合は絶縁体が存在することと対照的である。空気などの気体は熱伝導率が小さい理由は分子がまばらなために、分子運動による分子間の衝突の頻度が少ないためである。熱の絶縁体とは、強いて言えば、熱を運ぶ原子または分子が存在しないこと、つまり真空状態ということになる。実際には、真空状態という物質は存在しないので、熱伝導率の大小の幅が５桁しかないことになる。

表4－1　各種物質の熱伝導率および電気伝導率

物質	熱伝導率（$Wm^{-1}K^{-1}$）	電気伝導率（$\Omega^{-1}m^{-1}$）
ダイヤモンド	2000	10^{-18}～10^{-11}
銀	420	6.3×10^{7}
石英ガラス	1.5	1.3×10^{-18}
空気	0.024	5×10^{-13}

第5章

断熱と遮熱

この章では、太陽光を遮る遮熱と熱を伝えにくくする断熱との違いについて述べ、断熱材料の断熱性の理由、窓ガラスの断熱性と遮熱性、最近登場した遮熱塗料や遮熱舗装の原理について述べる。

第1話

断熱と遮熱は何が違うか？

遮熱は科学的な表現とはいえないが、放射熱を遮蔽する機能を分かりやすく表現するために作られた造語である。断熱と遮熱は主として住宅を考えた場合に、熱の出入りに関する考え方である。図５－１に示すように断熱は主として壁の内部を伝わっていく熱の量を小さくしようとする。遮熱は日射を反射することや、日射を吸収した結果、温度の高くなった面から出る長波長放射が室内に入らないようにする。断熱は、夏に熱が室内に入り過ぎないように、冬に熱をなるべく逃がさないようにする。遮熱の目的は夏に日射の侵入を防ぐことで、これはガラス窓など開口部で対策が必要となる。垂直の不透明の壁であれば、断熱は遮熱を兼ねる。なぜなら、光を透過しない材料では光は必ず熱になって伝わるので、断熱性があれば熱は伝わらないからである。床・壁・天井は、冬に熱を逃がさない断熱が、夏には熱を入れないための遮熱の効果もある。

外気と直接接する床・壁・天井では断熱の効果を上げるために断熱材が用いられる。断熱材は外気と室内で温度差があっても熱の出入りがなるべく起こらないように熱伝導率の小さい材料が選ばれる。

ガラス窓など光を通す開口部は、床・壁・天井とは対策が異なる。夜間では、ガラスを複層にするなどの方法が有効である。夏の日射の対策には庇（ひさし）や窓の外側での日除けを用いた遮熱が重要になる。このとき、日除けを窓の外に設けないと、十分な遮熱効果がない。

遮熱効果は日射侵入率で評価される。ガラスの外側に当たった日射を１としたとき、室内にどのぐらい侵入するかを示す数値である。数値が小さいほど日射の侵入が小さくなる。日射侵入率は、透過日射（光）と、ガラスや壁・床面、天井が日射を吸収して放出される長波長放射（赤外線）による熱と、これらの面に触れている空気に伝わってくる対流による熱の３つによる。

日射侵入率は日除けのない普通の単板ガラスで0.85ぐらい、複層ガラスだと0.75ぐらいである。夏に窓の外によしずをかけたりすることが効果的だとされるが、窓の内側にブラインドやカーテンをつけるのとどう違うのだろうか？ガラスは長波長放射を通さない。したがって、ガラスよりも室内側にある物体に日射が吸収され温められる結果、放出される長波長放射は、ほとんど室内にとどまる。ブラインドを室内側に付けた場合、羽根板の色にもよるが、日射侵入率はせいぜい0.6である。その放射熱が室内に放出されて温度が上がってしまう。これに対して、室外側に日除けをつければ日射侵入率は0.1～0.3とかなり小さくすることができる。

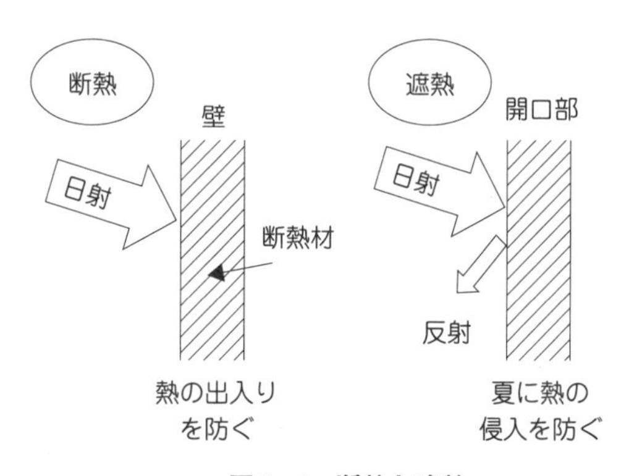

図5−1　断熱と遮熱

まとめ　断熱は主として壁の内部を伝わっていく熱の出入りを小さくし、遮熱は日射をなるべく吸収しないようにする。断熱の目的は夏に熱が室内に入り過ぎないように、冬に熱をなるべく逃がさないようにする。遮熱の目的は夏に日射を防ぐことだが、ガラス窓など開口部で対策が必要となる。窓の外によしずをかけることなどが有効である。

第2話

断熱材料とは？

断熱材料とは熱をなるべく伝えない材料で、その程度は熱伝導率の値で評価される。熱伝導率の値が小さいほど熱を伝えない。

各種の物質の室温での熱伝導率を図５－２に示す。固体の熱伝導率は格子振動と電子の動きやすさで決まり、液体や気体の熱伝導率は分子の動きやすさで決まる。固体でも絶縁体であれば電子の寄与は無視できるので格子振動の程度で決まる。ダイヤモンドが最も硬い物質であるが、最も熱伝導率が大きい。ダイヤモンドは結晶の対称性が高く原子間の結合が強固なため振動バネのように振動のエネルギーが減衰せずに伝わるからである。図５－２からはコンクリート、ガラス、ナイロン、木材、紙、毛糸、グラスウール、発泡スチロールとなるに従って柔らかい物質ほど熱伝導率の値が小さくなっている。これは柔らかい物質ほど原子間の結合が弱く格子振動による振動が伝わりにくいからである。図５－２において気体では、空気、アルゴン、クリプトンと分子量が大きいほど熱伝導率の値が小さい。気体では分子間の衝突によって熱が伝わるが、分子量が大きいほど分子運動の速度が遅いため熱を伝えにくい。空気の熱伝導率は$0.024 Wm^{-1}K^{-1}$である。

固体の中で最も熱伝導率の値が小さい部類に入るのが発泡スチロールである。発泡スチロールの断熱性は、発泡によって生じた非常に小さな閉じた気泡による。グラスウールの熱伝導率は発泡スチロールに次いで$0.04 Wm^{-1}K^{-1}$である。グラスウールの製法は綿菓子とほぼ同じで、側壁に小さな穴があいた容器を高速回転させ上から溶かした原料を入れ遠心力で側壁の穴から吹き出した繊維を集める。繊維径３～９μmの束になっていて内部に熱伝導率の小さな空気を多く含むので熱伝導率が小さい。建築用に用いられる断熱材の半分以上がグラスウールである。グラスウールは吸音材としても用いられる。建築用に用いられる断熱材には他にロックウール、硬質ウレタンフォーム、不燃処理を施した発泡スチロールなどがある。建築用に用いられる断熱材の性能は熱伝導率の値だけで決まらない。断熱材の厚みが増えればそれだけ断熱性能は向上するし、施工時に断熱材の間に隙間があれば断熱性能が悪くなる。

図５－２で、砂、耐火レンガ、木材、紙、毛糸、グラスウールなどは熱伝導率が小さいが、これらは熱伝導率が小さい空気を多く含むからである。

図５－２で、アルミナの熱伝導率はセラミックスとしては大きい方だが、これは単結晶または密度100％の高純度の場合で、気泡や不純物が含まれるほど小さな値になり単結晶の数百分の１にもなる。断熱材を高温で使う場合は、耐火レンガなどを使うことになるが、室温では熱伝導率が0.2$Wm^{-1}K^{-1}$程度のものが、1000℃では５～10倍程度大きくなる。これは、空気層での対流や放射による熱移動が温度とともに急激に大きくなるからである。気泡や不純物を多く含むアルミナの熱伝導率は気泡や不純物の量によって変わるが、耐火レンガと同程度にできる。この場合も高温では熱伝導率はかなり大きくなる。

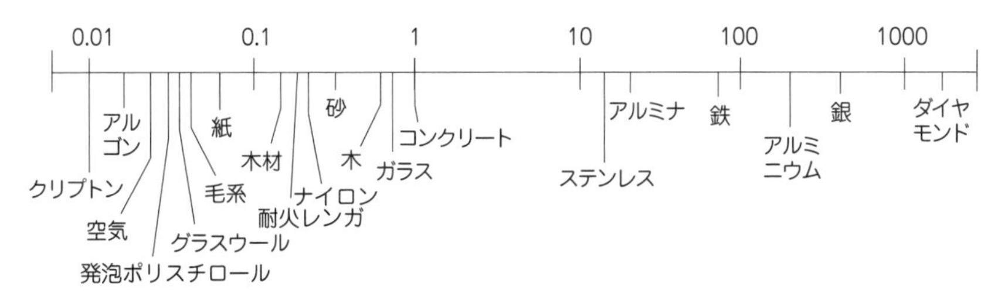

図5−2　各種の物質の室温での熱伝導率（単位：$Wm^{-1}K^{-1}$）

まとめ　断熱材料とは熱をなるべく伝えない材料で、熱伝導率の値が小さいほど断熱性が高い。固体では柔らかい材料が熱伝導率が小さい。耐火レンガ、木材、紙、毛糸、グラスウールなどは熱伝導率が小さいが、これらは熱伝導率の小さい空気を多く含むからである。発泡スチロールは熱伝導率が最も小さい部類だが、それは小さな閉じた気泡による。

第3話

セーターはなぜ温かいか？

セーターの材質はウールやカシミアなどの動物繊維による太目の糸で編んだもので、毛糸とよばれる。毛には、羊毛と獣毛（カシミヤ、アンゴラ、アルパカ、キャメル）がある。

羊毛はケラチンというタンパク質でできていて、図５－３に示すようにうろこ状の表皮部分（スケール）と皮質部分（コルテックス）よりなり、スケールが繊維を保護している。スケールの表面は水をはじく性質があり、コルテックスは吸湿性がある。コルテックスはＡとＢの２層構造になっていて性質はそれぞれ違う。そのため、熱や水分の作用で収縮差が生じ、繊維にクリンプ（繊維の縮れ）が生まれる。吸湿や乾燥によってクリンプが伸縮する。これは羊毛の大きな特徴で、羊毛が生きている繊維とよばれる理由である。

羊毛は熱伝導率が小さく、保温性に富む特徴がある。保温性は、繊維の縮れ（クリンプ）が空気を多く含むからである。羊毛繊維は一定の方向へまっすぐ伸びるのではなく、反り返りながら伸びるため全体がちりちり縮れる。この縮れのおかげで羊毛はたくさんの空気を含み、熱伝導率が約$0.03 Wm^{-1}K^{-1}$となる。羊毛の熱伝導率が小さいので体温によって温まった熱が外に逃げにくい。

羊毛は吸湿性・放湿性ともに優れている。発汗による湿気を吸収し、水分はすぐに発散される。羊毛の吸湿力は綿の約２倍、ポリエステルの約40倍である。この優れた吸・放湿力により、羊毛製品はサラリと快適である。羊毛は汗や湿気を吸ったときに、吸着熱を発生する。冬山で遭難した時、綿の肌着は濡れると体を冷やすが、羊毛の肌着は熱が発生するので汗冷えしない。

また、羊毛は人間の毛と同じタンパク質でできていて燃やしても炎を出さない。焼けた部分が黒色の玉になり焦げる臭いがするが、自然に鎮火する。このため、寝具や子供服に適し建築資材としても用いられる。

羊毛繊維の表面は人間の毛と同じエピキューティクルという薄い膜で覆われていて撥水性が高いので水滴などは表面で弾く。さらに羊毛繊維は水分を含んでいるので静電気を起こしにくく、汚れやホコリを寄せつけにくい。

羊毛の縮れは衝撃を和らげ圧力を分散させる特性がある。また、引き伸ばしたり曲げたりした後に元に戻る性質に優れており、形が崩れにくく、回復力が強く、弾力性が高く、耐久性に富む。

動物の皮膚は元々外からのウイルスや菌から守るためにある。羊毛は羊の皮膚が変形したもので菌が侵入してもそれを無害にする免疫機能を持っており、自然の抗菌繊維とよばれている。羊毛は悪臭などを吸収し、分解させる性質も持っており消臭機能に優れている。

羊毛の欠点としては、虫が食うので保管に注意が必要、洗うと縮む、表面のスケールのため水分を含んだ状態でもむと繊維が絡み合ってフェルトになる、ピリング（毛玉）になりやすい、引っ張りや磨耗に弱い、人によっては触るとちくちく感じる、アルカリに弱い、日光で黄変するなどがある。

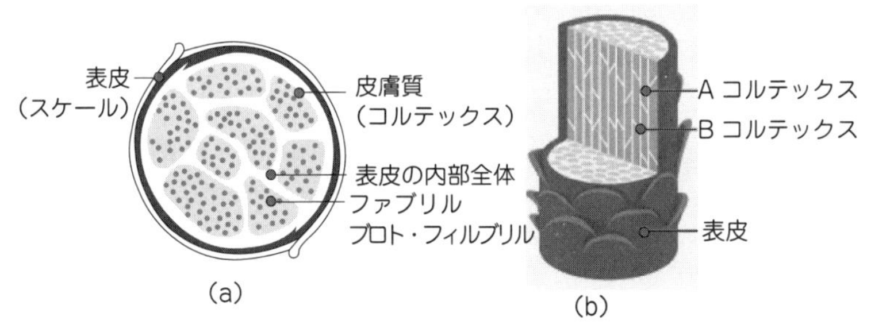

図5-3　羊毛の構造 (a) 断面図　(b) 外観と断面
（(株) ワールドコーポレートサイト〔商品と素材の基礎知識〕）

> **まとめ**　羊毛は、熱伝導率が小さく、保温性に富んでいる。その理由は、繊維の縮れがたくさん空気を含むので熱伝導率はかなり小さいからである。それで、体温によって温まった熱が外に逃げにくい。羊毛は、吸湿性・放湿性ともに優れ、汗冷えせず、難燃性で、撥水性が高く、静電気に強く、弾力性が高く、抗菌・消臭機能に優れる特長がある。

第4話

複層ガラスの断熱性と遮熱性は？

複層ガラスとは、複数枚の板ガラスを重ね、その間に乾燥空気やアルゴンガス等を封入（または真空状態に）した中間層を設けて一体としたガラスである。中間層は密閉されているため、基本的に中間層の厚さが増すほど断熱性能が高まる。多くの先進国ではエネルギー消費量を抑えるために複層ガラスの利用が義務化されているが、日本では特に規定はない。

複層ガラスは、複数枚のガラスと密閉された中間層により光の透過性を保ちつつ断熱効果が得られる。ガラスの熱伝導率が0.55～0.75$Wm^{-1}K^{-1}$であるが、乾燥空気では0.024$Wm^{-1}K^{-1}$、アルゴンでは、0.017$Wm^{-1}K^{-1}$である。これらの気体を封入することにより、ガラスに比べて20倍以上熱伝導率の小さい中間層を設けることができる。中間層を真空にするとさらに１桁以上熱伝導率が小さくなる。日本で普及している複層ガラスは主に２枚の板ガラスが使われているが、ヨーロッパでは中間層を追加し、３枚の板ガラスの製品もある。複層ガラスは断熱効果があるが、部屋の温度とガラスの室内側の表面温度との差が小さくなるため結露防止にも役立つ。

複層ガラスは飛行機の窓にも採用されている。飛行機は－20℃程度の高層圏を飛ぶので客室との温度差が大きいため断熱性を高く保つ必要がある。

複層ガラスでは光による熱伝導を抑制することはできない。低放射複層ガラスは、複層ガラスの内面部に特殊な金属膜を設けて光の放射による熱伝導を減らす。そのうち図５－４（a）は外側ガラスの内面側に特殊金属膜を設けた遮熱高断熱複層ガラス、図５－４（b）は内側ガラスの外面に設けた高断熱ガラスである。遮熱高断熱複層ガラスは可視光線を通すので透明だが、紫外線や近赤外線を反射する。高断熱ガラスは室内から逃げる遠赤外線を防ぐので寒冷な場所で使用される。施工地域の寒暖や窓の向きによってこれらを使い分ける。

遮熱高断熱複層ガラスと同様の機能を持つのが、調光ガラスである。夏の暑い時期に太陽光が入ると冷房効率が悪くなるので、調光ガラスが用いられる。調光ガラスは薄膜材料をガラスに挟んでつくる。調光ガラスの一種であるエレクトロクロミックガラスは電圧を加えてガラスの光透過率を制御する。透明導電膜と電解質の間に酸化タングステン(WO_3)の調光薄膜を挟む。WO_3膜は透明だが、負の電圧を加えるとプロトン(H^+)と電子が注入されタングステンブロンズ($HxWO_3$)の濃い青色になる。正の電圧を加えると元の透明な状態になる。電圧を調節することによってタングステンブロンズの生成割合を調節して光透過率を制御する。調光によって照明や冷暖房の負荷が自動的に制御される。

調光ガラスには、周囲の温度によって赤外線領域の透過率が自動的に変化するサーモクロミックガラス、温度によって高分子ゲルの状態が透明になったり白濁したりするサーモトロピックガラス、水素ガスと酸素ガスによって光透過率を変化させるガストロピックガラス、紫外光があたると透過率が変化するフォトクロミックガラスがある。

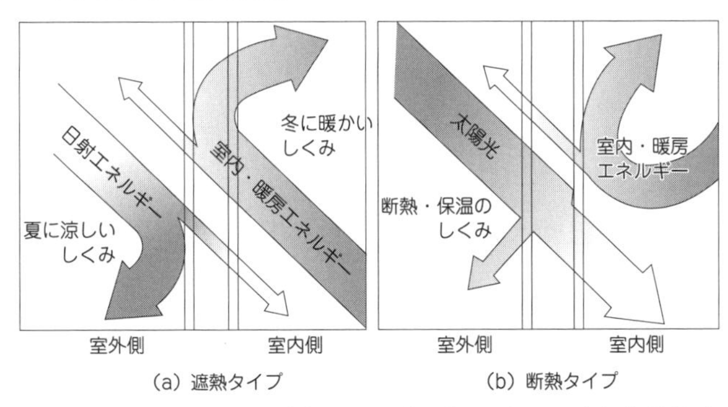

図5-4　低放射複層ガラス (a)遮熱高断熱複層ガラス (b)高断熱ガラス
(出典：YKK AP(株) ホームページ)

まとめ　複層ガラスは複数枚の板ガラスを重ね、その間に乾燥空気やアルゴンガス等を封入した中間層を設けて一体としたガラスである。中間層は熱伝導率が小さいため断熱性能が高い。外側ガラスの内面側に特殊金属膜を設けた遮熱高断熱複層ガラスは夏の日射を減らすため遮熱効果がある。電圧によって光量を調節できる調光ガラスも同様の効果がある。

第5話

断熱性の高い家とは？

冬温かく夏涼しく暮らすために、住宅の断熱性が高く、冷暖房によるエネルギー消費を抑えられることが求められる。

断熱性が高い家とは、閉め切った家ではなく、「閉じたいときに閉じられる家」である。冷暖房を必要とする寒い季節や暑いときなどは開口部を閉じ、春や秋など気候のよい季節や湿気の多い季節の晴れた日では、自然の風を取り込む。断熱性だけでなく採光や換気も考えて、窓の配置や形・大きさ・数などを決める。

家を建てるときは、建築基準法に沿う必要があるが、この法律には断熱性についての規定がない。どのような断熱構造にするかは建てる人が決めることになる。断熱材の施工箇所は、図５－５に例を示すように、外気に接している天井・外壁・床とするのが一般的である。また、開口部には複層ガラスを用いている。

断熱材の性能は熱伝導率で表され、その値が小さいほど断熱性能が高くなる。断熱材には、無機質繊維系、木質繊維系、発泡プラスチック系などいろいろな種類があり、断熱性能も異なる。無機繊維系断熱材にグラスウールとロックウールがあり、熱伝導率は0.04～0.05$Wm^{-1}K^{-1}$である。グラスウールは価格が安いこともあり最も一般的に使われているが、施工時に下地材料が絡みあうため、隙間なく施工することが難しい。また、軟らかい繊維系素材なので、壁などに施工した場合は徐々にずり落ちてしまう欠点もある。その点、発泡スチロールは変形が少なく、隙間なく充填することができる断熱材である。建材として使う場合は、燃焼防止のため難燃剤を添加している。断熱性能は断熱材の熱伝導率の大小だけで決まるわけではない。断熱材の厚みが厚ければ性能が良くなるし、断熱材の施工方法も大きな影響がある。断熱材の性能が良くても、施工時に隙間があればそこから熱が出入りするので性能が生きない。

窓の大きい家より小さい家、凹凸の多い家より立方体や直方体に近い家のほうが断熱性能は高くなる。しかし、断熱材をたくさん入れて窓を小さくし、気密・断熱性を高めるだけが住みやすい家とはいえない。通気性や換気性などもカビの発生や有毒ガスの滞留を防ぐ上で重要な要素である。これから建てる住宅なら、開口部は断熱サッシや複層ガラスにするのが望ましい。また、季節によっては、なるべく冷暖房を使わずに快適に暮らす工夫が必要である。例えば、夏の日射を避けるため、西日が当たる窓にはカーテンやブラインドを掛けたり、窓の外にすだれを掛ける。冬は、カーテンを二重にしたり、窓のサイズより一回り大きなカーテンや、床まである長いカーテンを掛けたりするのも効果がある。

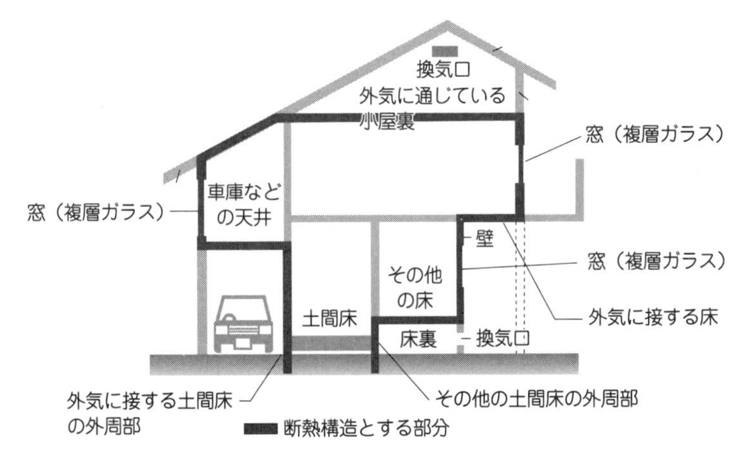

図5−5　断熱を配慮した住宅
（出典：http://shizuoka.mhgroup.jp/tech/airtight/index.htmlを参考に作成）

まとめ　冬温かく夏涼しく暮らすために住宅の断熱性と採光や換気のしやすさが求められる。断熱材の施工箇所は外気に接している天井・外壁・床とし、開口部には複層ガラスを用いる。断熱材には熱伝導率の値が小さいグラスウール、ロックウール、発泡スチロールなどを用いるが、隙間を開けないなど施工方法も重要である。

第6話

遮熱塗料とは？

遮熱塗料は高日射反射塗料ともよばれ、太陽光のうち近赤外領域の光を反射することにより塗膜および躯体の温度上昇を抑制する。建物の屋根や外壁に塗装することで、特に夏の室内温度の上昇を抑制し躯体の熱劣化を抑制する効果が期待される。また、道路舗装の最上面に塗装することで、夏における路面の温度上昇を抑制することを意図している。

塗料とは物質の表面を覆うことによりそれを保護し美観を与えるもので、乾燥や反応によって硬化させて皮膜を形成する。塗料の成分としては、顔料、結合剤、添加剤、溶剤があり、それらの種類や配合比率を変えることで塗料に様々な性能を与えている。

このうち顔料は着色を与える粒子からなる成分である。遮熱塗料を得るには太陽光を反射しやすい酸化チタンやアルミニウムの粉末などが用いられている。さらに、断熱性をも付与する目的で中空のセラミックビーズが用いられる。結合剤には顔料やセラミックビーズなどが均一に分散し、互いに結びつくための樹脂が用いられる。有機系の樹脂を使う場合はシンナーなどの有機系溶剤が使われ、アクリル樹脂などを使う場合は水系のエマルジョンが使われる。

遮熱塗料の構造とそれを用いた場合の光の反射率の概念図を図５－６に示す。その特徴はセラミックビーズが中空になっていることである。セラミックビーズの役割は３つある。１つ目は、太陽光を反射することである。地上に降り注ぐ太陽光は紫外線が５％、可視光線が45％、赤外線が50％程度である。このうち人間が光として感じているのが可視光線（380～780nm）で、それによって色を認知している。セラミックビーズの色は用途に応じて選択される。その色によって可視光線の反射率が変わる。図５－６(b)の反射率の例では可視光線の反射率が20％以下になっている。セラミックビーズが中空になっている理由の2つ目は、中空領域は空気なので熱伝導率が小さく熱を伝えにくいので断熱効果がある。3つ目は、中身が詰まっている場合に比べて熱容量が小さいことである。熱容量が大きいと塗膜層で熱を大量にためることになり、結果として日射が続くと温度が上昇する。また、図5－6(a)の構造では細かい粒子状の顔料がある。この顔料は遮光のために近赤外線の反射率が多くなるようにされた特殊なものである。赤外線は波長が780nm以上の光で、物質に当たると反射と吸収が起こり、吸収によって物質表面で熱に変わる。図5－6(b)に見られるように、遮熱塗料の赤外線領域の反射率は80％程度で、一般塗料の10％程度に比べて非常に大きい。遮熱塗料の可視光領域における反射率は一般塗料とあまり変わらないので、色はいろいろで黒に近いものもある。また、結合剤はセラミックビーズや顔料を均一に分散させ結合させるためのものである。遮光や断熱の効果を多くするにはセラミックビーズや顔料の含有量をなるべく多くしたいが、多くしすぎると塗膜の強度が弱くなりバラバラになってしまう。そのため結合剤の選択も重要である。セラミックビーズと顔料の含有量は70～80％程度である。

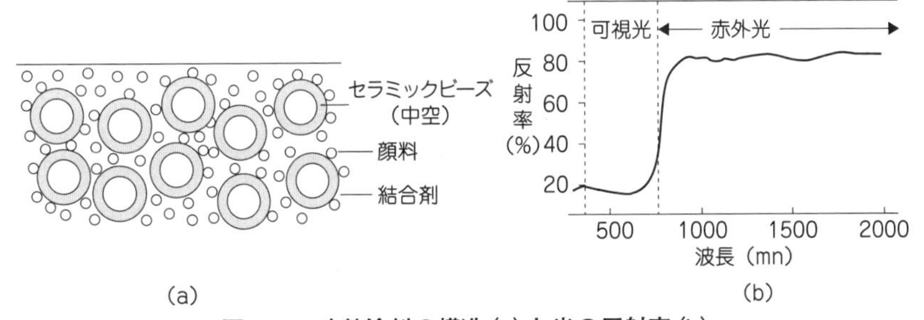

図5－6　遮熱塗料の構造(a)と光の反射率(b)
(http://www.sk-kaken.co.jp/shanetsu/sh_page01.htmlを参考に作成)

まとめ　遮熱塗料は高日射反射塗料ともよばれ、太陽光のうち近赤外線領域の光線を反射することにより塗膜および躯体の温度上昇を抑制する。建物の屋根や外壁などに塗装することで、特に夏の室内温度の上昇を抑制する。特殊の顔料を用いることで近赤外光を反射する。中空のセラミックビーズを用いることで、遮熱だけでなく断熱効果もある。

第7話

遮熱舗装とは？

遮熱性舗装は、ヒートアイランド対策を舗装面からアプローチした工法である。舗装表面に赤外線を反射させる遮熱性顔料やセラミックビーズなどを含む塗料を用いることにより、一般の密粒度アスファルト舗装に比べ夏季における昼間の路面温度を10℃程度低減でき、夜間も舗装からの放熱量を減らすことができる。

排水性舗装に遮熱性塗料を塗布した場合には、路面温度の低減効果に加え、排水機能や騒音低減効果との両立も可能となる。また、公園や遊園地・商店街への適用では歩行空間の快適性向上や景観性向上にも効果が期待できる。

遮熱塗料は当初屋根の表面の温度上昇抑制のために使われていた。近赤外線だけを強く反射する特性を道路舗装にも使えないかということで、2000年頃に研究が始まった。当時アメリカでは道路を白くして日射の反射を高めることが知られていた。これが、色が黒くても遮熱舗装ができればより実用化しやすい。ただ、遮熱舗装には低騒音、舗装強度など他にも必要な特性があり、多くの種類の遮熱コート材が試された。2003年には東京都中央区の昭和通りで初めての遮熱舗装の実証試験が行われた。その結果、一般舗装に比べて10℃以上温度上昇が低下することが確認できた。

図5－7に遮熱舗装の全体構造(a)と表面部分の拡大図(b)を示す。母体は通常のアスファルト舗装となっている。その表面に遮熱舗装をするが、これは基本的には屋根などに用いる遮熱塗装と同様の構成となっている。近赤外線を強く反射する成分は中空セラミックビーズと顔料が受け持ち、舗装面の強度を主として結合剤が受け持っている。低騒音、舗装強度など他の要求特性も考慮して中空セラミックビーズと顔料の種類や配合比率などが選ばれている。

保水性舗装とは、空隙の多い舗装に水を吸い込み保持する保水材を詰めた構造で、降雨によってしみこんだ水が蒸発する時の気化熱を利用して、路面温度の上昇を抑制するものである。アスファルト舗装の最高表面温度が60℃のときに、水分を含む土の表面温度が40℃程度だそうである。これを応用して保水性舗装が開発された。保水性舗装には、アスファルト混合物系やブロック系などがある。アスファルト混合物系は、表層に多孔質アスファルト混合物を使い、その空隙に保水能力をもつ保水剤を充填する。保水剤には、硬化後に微細な連続空隙を形成するセメントグラウト、吸水性ポリマーを混合したセメントグラウトなどがある。保水性舗装は通常の舗装より表面温度が10～15℃低いことが確認されている。特に、公園の歩道や一般歩道の舗装に適用されている。保水性舗装は水分が不足する環境ではその効果が発揮されないため、水分補給の方法が課題となる。

東京都では、2020年夏の東京オリンピック・パラリンピックでの暑さ対策の一つとして、マラソンコースを含む都道において遮熱性舗装、保水性舗装を累計約136km整備する予定である。

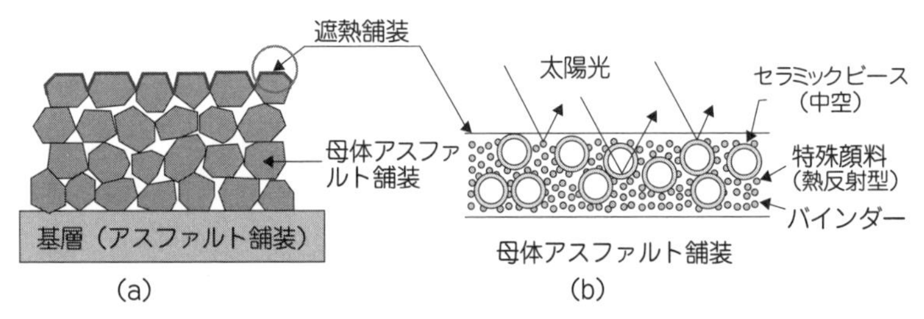

図5－7　遮熱舗装の全体構造(a)と表面部分の拡大図(b)
（出典：http://coolhosouken.com/）

まとめ　遮熱性舗装は舗装表面に赤外線を反射させる遮熱性顔料やセラミックビーズなどを含む塗料を用いて一般のアスファルト舗装に比べ夏季における昼間の路面温度を10℃程度低減できる。保水性舗装は空隙の多い舗装に保水材を詰めた構造で、雨による水が蒸発する時の気化熱を利用して路面温度の上昇を抑制する。

コラム　暑さ対策あれこれ

近年、大都市とその周辺では夏の暑さが顕著になり、最高気温が35℃を超える猛暑日も珍しくない。さらに、2020年８月から予定されている東京オリンピック・パラリンピックでは、湿気の多い暑さによって、アスリートはもちろん観客にも熱中症などの健康被害が出ることが懸念されている。

打ち水は、水１gの蒸発につき約2,440Jの気化熱が奪われ温度が下がることを利用する。ミスト散布は、液体をスプレーノズルの噴霧口から細かい霧にして冷却を効率よく行う。ビルや公共施設などの冷却設備として利用されている。

植物の木影は特に涼しい。それは、植物の葉での蒸散による。植物は受けた太陽光エネルギーの３％程度を光合成に使い、残りを蒸散に使って植物体を高温から身を守っている。植物のそのような性質を利用して、屋上緑化、壁面緑化、街路樹、公園の保全や整備がされている。東京都が2001年から条例で1,000m^{2}以上の面積の建築物を新増築する場合に屋上緑化を義務づけた。これにより年々屋上緑化面積が増大している。コンクリート面では60℃近くのものが、水やりを毎日行った屋上緑化の表面温度が30～37℃となっている。

保水性舗装は打ち水の効果を舗装道路に応用したものである。降雨によってしみこんだ水が蒸発する時の気化熱を利用して、路面温度の上昇を抑制する。遮熱性舗装は、表面に赤外線を反射させる遮熱性顔料やセラミックビーズなどを含む塗料を用いることで路面温度を低下させる。

断熱と遮熱によって住宅やビルの熱の出入りを抑制する。断熱は主として壁の内部を伝わる熱の量を小さくし、遮熱は日射の侵入や日射を吸収して、長波長放射が室内に入らないようにする。開口部には遮熱高断熱複層ガラスや調光ガラスを用いた窓が有効で、断熱のためには、外壁、天井、床などに断熱材を適切な厚さで隙間なく施工する。

第6章

伸び縮みと熱

この章では、物質の温度を上げると膨張する理由、氷の膨張や収縮による水道管の破裂や凍結湖における不思議な現象、耐熱ガラスの原理について述べる。

第1話

物質の温度を上げるとなぜ膨張するか？

物質の温度を上げると物質の長さや体積が増加する。これを熱膨張という。体膨張率は、温度が１℃上昇したときに膨張する割合である。膨張率の大きさは物質の種類によって異なり、固体→液体→気体の順に大きくなる。

気体の体膨張率は、固体や液体と比べて非常に大きく、シャルルの法則に従い、どの気体でも温度が１℃上昇するごとに1/273膨張する。これは気体が温度上昇するにつれて分子の運動が活発になるためである。液体や固体でも同様に分子の運動が活発になって体積が増えるが、分子間に働く引力が液体、固体となるにつれ大きくなるため、膨張率は小さくなる。

固体の引力の元はイオン結合、共有結合、金属結合などである。原子または分子同士があまり近づき過ぎると斥力が働くので、引力と斥力が釣り合うところで存在する。図４－６のポテンシャル曲線の極小点付近に0, 1, 2と示した振動レベルの線は固体が有限の温度で熱振動している様子を示している。極小点の位置を点線で示すと、振動レベル２では左側の振動幅cよりも右側の振動幅dの方が長くなる。したがって、振動レベル２の状態の原子の平均位置は極小点より右側にずれる。温度が高くなるにつれて振動が高いレベルに上がる確率が高くなるので、平均の原子間距離が大きい方にずれ、熱膨張が起こる。ポテンシャル曲線の形が放物線ではなく、非対称になっていること、格子振動の非調和性が熱膨張を起こすともいえる。

各種の材料の室温付近での線熱膨張率の値を表６－１に示す。ここで、線熱膨張率は温度が１℃上昇したときの伸びる長さの割合を示す。線熱膨張率は物質によって違い、原子または分子の結合の性質を反映して、図４－６のポテンシャルエネルギーの形が変わってくる。もしポテンシャルエネルギーの底が深く、幅が狭ければ熱振動による原子のずれが小さく、熱膨張率が小さくなる。

ポテンシャルエネルギーの底が深い物質は原子間の結合力が大きく、結晶は硬く、融点が高く、熱膨張率が小さい。逆に原子間の結合力が小さい物質は、結晶は柔らかく熱膨張率が大きい。

表6-1において、金属では融点の高いタングステンなどの線熱膨張率の値が小さく、融点の低い水銀や鉛などの線熱膨張率の値が大きい。酸化物は物質により線熱膨張率の値に大きな幅がある。ダイヤモンド、炭化物など共有結合性の化合物では結合が強く線熱膨張率の値が小さい。氷の線熱膨張率は固体としてはかなり大きい。これは、氷の融点付近の値なので、分子運動が液体に近い激しさがあるためである。パイレックスガラスの線熱膨張率は固体としてはかなり小さい。プラスチックスなどの高分子化合物は柔らかく室温付近で液体並みの分子運動をするものが多く、線熱膨張率の値が大きい。

表6-1　各種の材料の20℃での線熱膨張率（$\times 10^{-6}$/℃）

物質	線膨張係数	物質	線膨張係数
水銀	60	ポリエチレン	100～200
鉛	29.1	ポリスチレン	34～210
アルミニウム	23	木材（繊維方向）	3～10
鉄	12.1	木材（繊維に垂直方向）	35～60
白金	9	氷（0℃）	52.7
タングステン	4.3	花崗岩	4～10
炭化ケイ素	6.6	酸化マグネシウム	9.7
ダイヤモンド	1.1	パイレックスガラス	3.2

まとめ　物質の温度を上げると熱運動が激しくなり原子間の距離が増えて膨張する。固体は原子間の引力と斥力がバランスするポテンシャル曲線の底の形により熱振動の平衡点が長距離側にずれるので膨張が起こる。硬い物質ほどポテンシャル曲線の底が深く、熱振動による原子のずれが小さく、熱膨張率が小さくなる。

第2話

冬の朝に水道管が破裂することがあるのはなぜか？

寒い冬の朝に水道管が凍結し、破裂することがある。これは夜間に冷えて水が氷になることによって体積が膨張することが原因である。

ではなぜ水が氷になる時に体積が膨張するのだろうか？　氷の結晶は、水の分子のH-O-Hの結合角が104.5°を持って結合しながら、すべての分子が水素結合を作るように三次元的に配列した図３－１の形をしている。図３－１では、酸素—水素間の共有結合は実線で、水素結合は破線で示してある。一つの水分子から見ると、周りにある４個の水分子によって囲まれている。すべてのO原子およびH原子が共有結合をすると共に、H原子およびO原子と水素結合をしている。この氷の構造は、その中央に大きな隙間がある六角形の構造をしていて、分子は振動をしているが、分子同士の位置は入れ替わることはない。

一方、液体の水においてもこれに近い構造をしているが、分子が運動してその位置が絶えず動く。隣の分子と水素結合をしているが、その相手は絶えず入れ替わるため、水の構造を示すことができない。しかし、パソコンによる分子シミュレーションで、ある瞬間の水の構造を見ることができる。それによると、水は氷の構造に似ているが、大きな六角形の隙間にも分子が入り込んで密な構造になっている。氷の密度は0.917gcm^{-3}であるが、水の場合は1.0gcm^{-3}で約９％も大きいのである。

寒さが厳しい夜中に気温が０℃以下になると、水道管の水が凍る可能性がある。しかし、気温が０℃以下でも必ず凍るわけではない。冷気が水道管を冷やし、水道管が中の水を冷やす間に熱が移動するために、水の温度は外気よりだいぶ高い。外気の温度が－４℃以下だと凍結の可能性が高い。屋外の北側で日が当たらない場所、風当たりの強いところ、むき出しになっている水道管などは凍結しやすい。また、水道管の中の水が流れていると、水の温度が０℃以下

表6−2　水道管が破裂しやすい条件とそれを防ぐ方法

水道管が破裂しやすい条件	水道管の破裂を防ぐ方法
気温が−4℃以下	水道管の水抜き
水道管内の水が静止	水道管を断熱材で保温
剥き出しの水道管	水道管に水を流しておく
風当たりの強い場所	

になっても凍りにくい。気温が−5℃以下になると、水道管の中の水が凍る。水道管内で水が凍結してしまうと、水が出なくなるのはもちろん、水道管が破裂する可能性がある。水が氷になると体積が約9%増えるので、氷は他に逃げ場がないから、無理やり水道管を押し広げるしか方法がない。無理やり押し広げられた水道管はその圧力に耐え切れずに破裂する。

水道管の凍結と破裂を防ぐには、水抜き栓による水道管の水抜きが効果的である。さらに、気温が下がっても水道管が冷えないように発泡ポリスチロールなどの断熱材を巻きつけ、その上からテープを巻くことで凍結を防止できる。もう一つは、水道管が冷えても中の水が凍らないように水を流しておく。流れている水は凍りにくいからである。

冷凍庫に入れたビール瓶が割れるのも同じ原理である。大きな墓石が割れたりするのは、墓石の割れ目に入っていた雨水が夜中に冷えて凍ることによって、氷が膨張して割れ目を押し広げるためである。

まとめ　冬の明け方に気温が−4℃以下になると、水道管の中の水が凍り体積が約9%増えるため破裂することがある。氷の構造が中央に大きな隙間がある六角形の構造をしているが、液体の水は分子が移動できるので隙間の位置にも入り込み密度が大きいためである。水道管の中の水が凍ると氷は膨張し、無理やり水道管を押し広げて破裂する。

第3話

冬の凍結湖で起こる御神渡りとはどういう現象か？

湖面全体に氷が張った冬の諏訪湖では、御神渡り（おみわたり）といって湖面の氷が割れる現象が起こる年がある。湖面全体の氷の厚さが10cm程度になり、湖面の最低気温が－10℃ほどになる日が数日続いて、昼との寒暖の差が大きい程起きやすいといわれている。夜中に奇妙な音響とともに、湖面全体にわたり割れ目が線状に広がる。古来、諏訪大社の神が諏訪湖を渡るときに起こるといわれてきた。御神渡りは諏訪湖以外の凍結湖でも起こる現象である。

ほとんどの固体は温度が上がれば膨張し、温度が下がれば収縮する。凍結湖では、夜間に気温が低くなると氷は収縮する。０℃付近での氷の線膨張係数は１℃当たり5.3×10^{-5}で固体としてはかなり大きい。多くの固体の線膨張係数はその1/5から1/10程度である。１mの氷の温度が１℃上がると0.053mm伸びる計算になる。夜間に急に気温が低くなると氷は縮もうとするが、湖面全体に氷が張っているために縮む場所がない。それで氷の内部に圧縮応力が発生する。氷の強度がこの応力に耐えきれないところで割れる。いったん割れ目ができると、それがあっという間に伸び、奇妙な音響とともに湖面全体に割れ目が線状に伸びる、これが御神渡りである。湖面の氷が5kmに渡って一体で、氷の温度が６℃下がったと仮定すると、1.6m（0.053×10^{-3}（1/℃）× 5000m × 6℃）氷の長さが縮む計算になる。御神渡り発生の条件を図６－１に示す。

御神渡りの後、氷の割れ目の部分には湖水面が露出するが、低温が続くとこの部分が氷に変わる。翌日の昼間になって気温が上昇すると、氷全体が膨張する。割れ目にできた新しい氷は薄いので押されて壊れ、割れ目の上に押し上げられ、割れ目の線に沿って小さな丘が連なる。これを氷丘脈という。図６－２に2006年の御神渡りの際にできた氷丘脈の痕跡を示している。諏訪湖の御神渡りでは高さ１m以上の氷丘脈ができる。

諏訪湖では、かつては毎年のように厚い氷が湖面をおおい、湖面ではワカサギの穴釣りをはじめ、アイススケートなども行われていたが、近年は温暖化の影響か全面氷結の頻度が減少している。

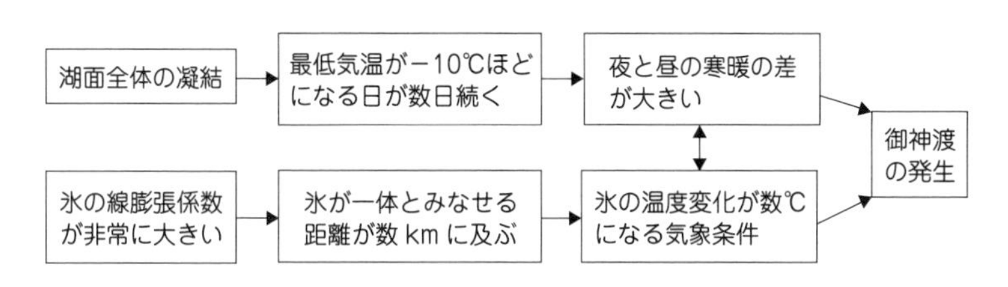

図6－1　御神渡り発生の条件

図6－2　2006年1月13日の御神渡りで生成した氷丘脈
（出典　諏訪市博物館より提供）

まとめ　御神渡りは冬の凍結湖で湖面の氷が割れる現象で、温度変化による氷の膨張収縮により起こる。気温が低くなると氷は縮むが、湖面全体に氷があるため縮む場所がなく内部応力が発生し、割れ目が線状に伸びる。昼間に気温が上昇すると、氷が膨張し割れた面で氷同士がぶつかり、氷が割れ目の上に押し上げられる。これを氷丘脈という。

第4話

耐熱ガラスはなぜ熱しても割れないか？

ガラスが割れる場合は、大きく分けて二つある。一つは強い機械的衝撃を加えた時、もう一つは急激に温度を変化させた時である。

解決策としては「熱伝導率を大きくする」と「熱膨張率を小さくする」がある。熱伝導率を大きくするためには、強固な結合をガラスの構造に取り入れる必要がある。しかし、ガラスはSiO_2の網目構造が主体でその構造を変えることは困難で、高熱伝導率をガラスで実現するのはほぼ不可能である。

ガラスを熱するとその部分は熱膨張により伸びるが、ガラスの熱伝導率が小さいために熱が周辺部にはなかなか伝わらない。周辺部はそのままで留まるので熱応力が生じる。熱応力がガラスの破断応力を超えると、ガラスは割れてしまう。耐熱ガラスは熱膨張率が小さいので、急激な温度変化があっても熱応力に耐えることができる。耐熱ガラスとして、パイレックスガラスがよく知られている。窓ガラスなどに使われているソーダガラスは主成分のSiO_2にNa_2Oが15％程度含まれているが、耐熱ガラスは、Na_2Oなどのアルカリ成分を減らしてB_2O_3やAl_2O_3を混合している。ソーダガラスはNa^+イオンの近傍ではSiO4四面体の三次元ネットワークが部分的に壊れて結合が弱くなるが、耐熱ガラスはBO4やAlO4四面体が三次元ネットワークの一部となりマイナスの電荷を持つので近傍にNa^+を引き寄せ全体の結合が強くなる。結合が強くなると、図4－6のポテンシャル曲線の底が深くなり熱膨張率が小さくなる。

20℃のガラスコップに100℃の熱湯を注いだ時と100℃のガラスコップに20℃の水を注いだ時では、温度差は同じであるが、水を注いだ方が割れやすい。ガラスを加熱した場合には表面が膨張して周辺部はそのままなので、表面に圧縮応力、周辺部には引張り応力がかかる。一方、冷却した場合は表面は収縮して周辺部はそのままなので、表面には引張り応力、周辺部には圧縮応力がかかる。ガラスが割れるのは、ガラス表面にある微細な傷が引張りによって拡張するためである。そのため、表面に引張り応力がかかる冷却時の方が割れやすい。

耐熱ガラスはガラスポットなどの耐熱調理器具として広く用いられている。また化学薬品の耐久性にも優れているため、ビーカーなどのガラス製理化学機器にも用いられている。ただ耐熱ガラスでも、表面の傷には弱いので洗う時に研磨剤入りたわしやクレンザーなどを使用すると割れやすくなる。

1200℃に耐える石英ガラス（バイコール）は熱膨張率が1×10^{-6}/℃とパイレックスよりも3倍程度小さいので、1000℃に熱した後、氷水につけても割れない。結晶石英はいろいろな構造がありβ石英は負の熱膨張を示す。石英ガラスは結晶石英の多形を反映してSiO4四面体のSi-O-Si結合角が違ったものが寄せ集まったものとみることができる。石英ガラスの熱膨張率が小さい理由は、SiO4四面体のSi-O-Si結合角が温度変化に対して距離を増やす方向に働くものと減らす方向に働くものとが相殺するためである。

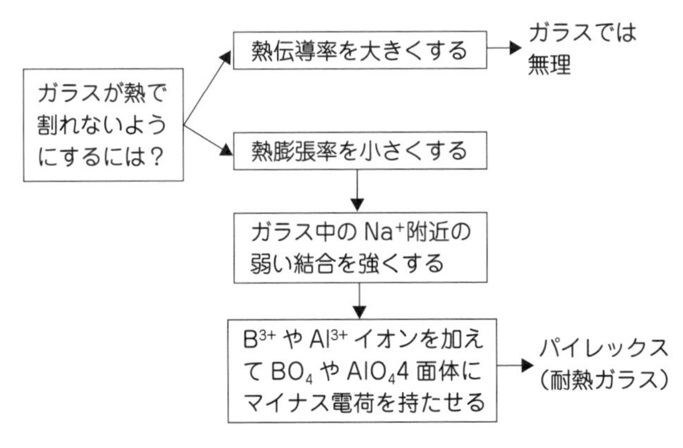

図6-3　耐熱ガラスの考え方

まとめ　耐熱ガラスは熱膨張率を小さくして急激な温度変化でも割れないよう強化したガラスである。熱によってガラスが割れるのは、表面と周辺部の熱膨張の差によって熱応力がかかり、表面の傷が大きくなるためである。耐熱ガラスとしてはパイレックスが有名で、熱膨張率は約 3×10^{-6}/℃ と普通のガラスに比べてかなり小さい。

第5話

温度を上げると縮む物質はあるか？

構造材料にとって，熱膨張は頭の痛い問題である。体積が増えることにより変形をもたらし，異なる物質の接合界面における剥離や破壊の大きな原因となるからである。また，高い精度を要求する精密機械部品や光学部品では熱膨張をいかに抑えるかが大きな課題なので、熱膨張をゼロにするニーズはきわめて高いといえる。温度を上げると体積が小さくなる負の熱膨張の特性を持った材料があれば、通常の熱膨張する材料と組み合わせて熱膨張をゼロにする材料を開発できる可能性があると考えられる。

現在、負の熱膨張材料としてすでに光学部品など向けに実用化されているのが、タングステン酸ジルコニウム（ZrW_2O_8）やシリコン酸化物（Li_2O-Al_2O_3-$nSiO_2$）といった複合酸化物である。線膨張係数はタングステン酸ジルコニウムが-9×10^{-6}℃$^{-1}$、シリコン酸化物は（-2〜-5）$\times10^{-6}$℃$^{-1}$という値が得られている。

こうした複合酸化物で負の熱膨張を示すのは，原子間の結合が強いために温度が上がっても原子間の距離が広がらないのに加え、温度が上がることで無駄なスペースがなくなる状態になるからだと考えられている。具体的には、図６-４にモデル図を示す。灰色の正方形の部分はいくつかの原子の集合を表す。温度が低い左の図では熱運動が活発ではなく、体積は最大近くである。温度が上がると熱運動が活発になり、右の図にあるように、隣り合った原子団が互いに逆向きに回転する。このため、正方形の中心間の距離が短くなる。つまり、このような結晶は温度が上がるにつれて体積が小さくなる。

タングステン酸ジルコニウムは、光ファイバーで特定の波長を取り出す光フィルターの構成部品として使われている。光フィルターでは，回折格子を作っているが，回折格子の間隔が温度によって広がってしまうこと，屈折率が温度変化することが問題になる。光ファイバーにタングステン酸ジルコニウムを混ぜて膨張率を調整した負膨張材料を張りつけて、こうした特性変化を抑えることにより、性能の安定化に貢献している。

もう一つは他の材料に混合して熱膨張をゼロにする使い方である。例えば、ガラス中に負膨張材料を混入させる結晶化ガラスが開発されている。ガラスの熱膨張を結晶の負の熱膨張で相殺する。液晶パネルやプラズマディスプレイパネル向けのガラスに採用されている。

また、負の熱膨張の身近な例では、水を0～4℃の間で昇温した場合に体積が収縮することが知られている。これについては次の章で詳しく述べるが、水と氷の構造の違いの影響がこの温度範囲で表れているものと考えられる。

さらに、輪ゴムに重りをぶら下げて伸長している状態で、ライターの火を近づけて輪ゴムの温度を上げると、ゴムが縮むのが観測できる。これは、ゴムの温度を上がることにより分子運動がより活発になって伸ばされた分子がランダムコイルの形になろうとすることによると考えられる。これはゴムがエントロピー弾性を示す例といえる。

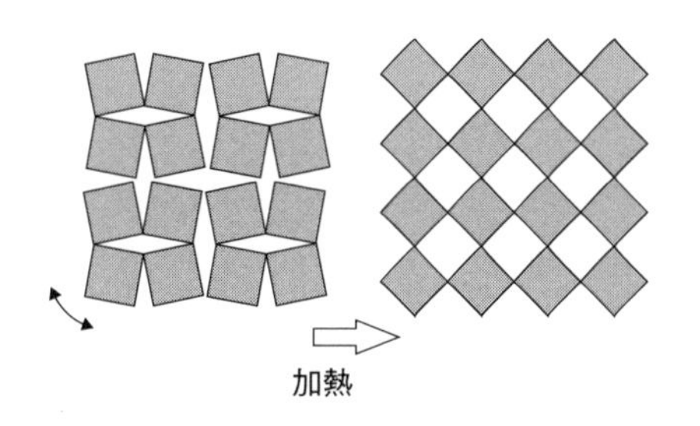

図6-4　負の熱膨張を示す複合酸化物のモデル図
（出典：山頂はなぜ涼しいか　p.8、日本熱測定学会編　東京化学同人　2006）

まとめ　タングステン酸ジルコニウムなどの複合酸化物は負の熱膨張を示し、光学部品などに実用化されている。負の熱膨張は温度が上がると原子団が回転して無駄なスペースがなくなるためと考えられる。ガラスと結晶とを混合してガラスの熱膨張を結晶の負の熱膨張で相殺した材料もある。

コラム　物質によってなぜ熱膨張率が違うか？

物質によって熱膨張率が違う理由は、物質によって原子または分子の結合の性質が違うからである。原子または分子の結合の性質によって図4－6の原子間ポテンシャルの形が違ってくる。もし原子間ポテンシャル曲線の底が深く、幅が狭ければ熱振動による原子のずれが小さく、熱膨張率が小さい。ポテンシャル曲線の底が深い物質は原子間の結合力が大きく、結晶は硬く熱膨張率が小さい。図6－5に各種物質の室温付近の熱膨張率を示す。

金属では融点の高いW（3,422℃）などは熱膨張率が大きく、融点の低いAℓ（660℃）などは熱膨張率が小さい。酸化物は物質によって熱膨張率に大きな幅がある。ダイヤモンド、炭化物など共有結合性の化合物は結合力が強く、熱膨張率が小さい。ハロゲン化物は結合力が弱く、熱膨張率が大きい。高分子化合物は室温で液体並みの分子運動をするものが多く、熱膨張率が大きい。

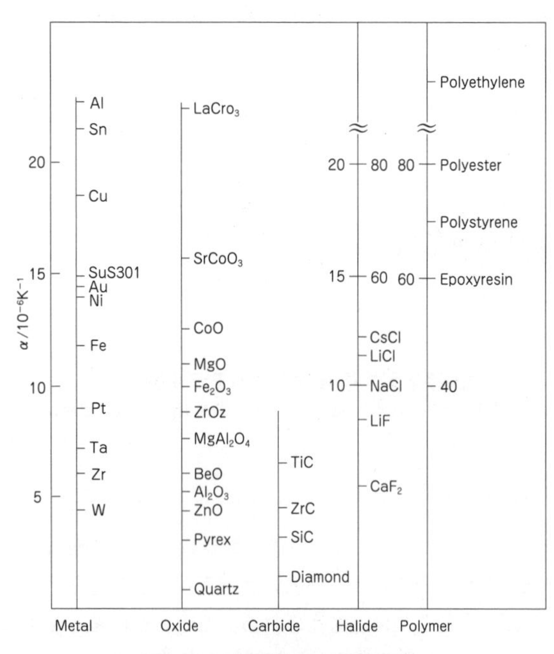

図6－5　各種物質の熱膨張率

第7章

水と熱

この章では、水の熱容量が大きい理由、水の密度が4℃で最大となる理由、－20℃の氷から昇華が起きる理由、氷に塩をかけると温度が下がる理由、海水から燃料を使わずに飲料水を得る方法について述べる。

第1話

水はなぜ温まりにくく冷めにくいか？

海水浴に出かけたら、海水は冷たいのに砂浜は焼けるように熱く、太陽が沈むと砂浜は早く冷たくなるが、海水の方は温かさが残っている。それは水の比熱容量が大きいからである。比熱容量は物質１gの温度を１℃上げるのに必要な熱量（J）で、水の場合4.2J℃$^{-1}$g^{-1}である。

それでは「焼石に水」をどう説明するかという問題がある。90℃の小石200gをビーカーに入れてそこに10℃の水200gを加えると、小石は35℃くらいになる。「焼石」がなかなか冷えないのは、石が大きくて水の量が相対的に少ないこと、石が冷えるのに時間がかかることなどが考えられる。

水の比熱容量が他の物質に比べて大きい理由の１つは、表７－１に示すように、グラム原子熱容量が物質によってあまり違わないため、分子１個当たりの水の質量が小さいことが原因である。簡単にいうと、水は軽いため１g当たりの熱容量つまり比熱容量が大きくなる。水は最も原子量の小さい水素を多く含んでいることがその原因になっている。表７－１で水素の比熱容量は、水に比べて大きいが、水素は気体で単位体積当たりの熱容量では水に比べてとても小さい。水は水素結合による強い分子間力のために、水が室温で液体として存在することが、比熱容量が大きい原因の一つとなっている。

２つ目の理由は、水は絶えず水素結合を切ったり繋いだりしているからである。温度を上げるとき水素結合を切るのにエネルギーを必要とするために、水の比熱容量は表７－１にあるように、氷のそれに比べて約２倍である。

ここで、表７－１におけるグラム原子熱容量の意味について述べる。１モルの熱容量をモル熱容量という。例えば、鉄とアルミナの熱容量を比較する場合に、モル熱容量で比較すると１モルの鉄の原子数はアボガドロ数（6.0×10^{23}個）になるのに対して、アルミナ（Al_2O_3）は５原子で１モルをつくるので１

表7−1　25℃における物質の比熱容量とグラム原子熱容量の比較

物質（状態）	比熱容量 ($J℃^{-1}g^{-1}$)	グラム原子熱容量 ($J℃^{-1}(g\text{-}atom)^{-1}$)	モル熱容量 ($J℃^{-1}mol^{-1}$)
水素（気体）	14.4	14.5	29.0
水（液体）	4.18	25.1	75.3
氷（固体、0℃）	2.11	12.7	38.1
食塩	1.34	25.3	50.6
鉄	0.45	24.9	24.9
金	0.13	25.2	25.2
アルミナ	0.78	15.8	79.0

モルの原子数はアボガドロ数の５倍になる。固体の熱容量は主として原子の振動状態で決まるので、原子数を揃えて比較しないと正当な評価ができない。それで、１グラム原子（アボガドロ数）の熱容量を比較する。１グラム原子とは複数の原子からなる分子を単原子に換算したものをいう。例えば、１モルの鉄と１g原子の鉄は同じであるが、アルミナはAl_2O_3と表され、５原子で１モルをつくるので１g原子のアルミナの原子数は１モルのアルミナの1/5となる。

物質が原子の鎖で繋がったバネの集合と考え、また室温でこのバネが十分振動可能であると仮定する。その際、１g原子当たりの熱容量は、古典力学的に計算した3R（ここで、Rは気体定数で、$8.3JK^{-1}mol^{-1}$）に等しくなる。表7−1で多くの物質のグラム原子熱容量が3R（$25J℃^{-1}(g\text{-}atom)^{-1}$）に近い値を示す。ここでアルミナがこの値よりかなり小さいのは硬い物質であるために、室温付近では十分振動していないことによる。

まとめ　水の比熱容量が大きい理由は、原子数を揃えて比較した熱容量が物質によりあまり違わないため、分子１個当たりの水の質量が小さいためである。水は軽い分子なのに水素結合による強い分子間力のために、室温で液体なので比熱容量が大きい。もう１つの理由は、水素結合を切るのにエネルギーを必要とするため水の比熱容量が大きい。

第2話

湖が凍っても魚はなぜ生きておられるか？

凍った湖の氷に穴をあけて釣りをしている光景をテレビなどで見かける。凍った湖で魚はなぜ生きて行けるのだろうか？　それは、湖の表面に氷が張っていても、底の方は凍らないからである。その理由は水の密度が4℃が最大だからである。気温が0℃より低くなると湖の表面から氷ができ始める。そのとき、氷の近くの水は0℃になっているが、4℃付近の水は密度が高いので下の方に沈む。気温が0℃以下になっても、冷気は湖の底の方まで届かない。それで氷が厚くなっても湖底近くには4℃の水があり、湖に棲む魚は生きておられる。

それでは、どうして水の密度が4℃で最大なのだろうか？　氷の密度は0℃で0.917g/cm^{3}であるが、0℃の水の密度は急に大きくなって0.99984g/cm^{3}となる。図3－1に示したように、規則正しい六角形をした真ん中に隙間を残した氷の構造では密度が小さくて、水では分子の位置が決まっていないため隙間を埋めるように分子が並ぶので密度が大きくなる。ここで、氷の構造が壊れて水になるとき水素結合がどの程度壊れるのかが問題である。0℃の水では、六角形をした真ん中に隙間を残した氷の構造の特徴を引き継いでいて、温度が上がるにつれてその構造が壊れて行く。つまり、0～4℃では温度が上がるにつれて隙間の多い構造が少しずつ壊れるため密度が大きくなり、4℃では0.99997g/cm^{3}となる。4℃を超えると、氷の特徴を持った構造が減るため、温度が上がると分子の運動が活発になる効果の方が優って、分子と分子の間の平均距離が長くなり体積が膨張し密度が小さくなる。分子間距離が大きくなるためには、水素結合を切らねばならないが、そのエネルギーを熱運動から得ている。4℃で密度が最大になるというのは水が持つ特異な性質の1つである。

氷の構造はX線構造解析から分かるが、水の構造は絶えず動いているので分からない。それで、パソコンで分子動力学シミュレーションが行われる。パソコンの中に仮想の三次元の系を用意し、その中の原子の運動方程式を数値的に解いて時間Δt後の全原子の座標と速度を得る。それらから、構造、密度、積算配位数、拡散係数、振動数分布などを得る。ここでの計算は、128個の酸素原子と256個の水素原子について、1ステップの時間間隔Δtは4×10^{-16}s (0.4fs) で計算している。氷と水についてのシミュレーションの結果を図7－1に示す。これは、ある時間経過後の分子配列のスナップショットを二次元的に表したものである。灰色の丸は酸素原子、黒丸は水素原子を示している。(a) の氷は (b) と (c) にある水の場合に比べて分子数が少ないように見えるが、(a) は紙面に垂直方向に分子が重なっているためである。氷は (a) の構造で、六角形の真ん中に隙間があるかさばった構造をしている。水は分子の運動が活発で、(a) の六角形の隙間にも動くことができるので密な構造になる。計算では (b) が4℃で密度が0.998g/cm^3、(c) は60℃で密度が0.977g/cm^{3}となった。(b) は分子が密集しているが、(c) は分子間距離が少しだけ大きいように見える。

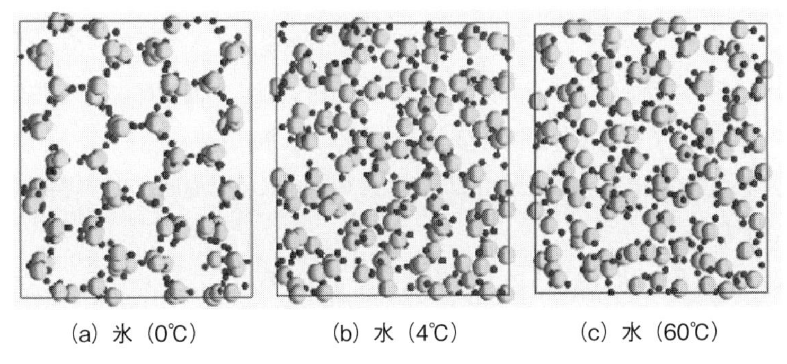

図7－1　氷 (0℃) と水 (4および60℃) の分子動力学シミュレーションの結果
(出典：林英子ら、千葉大学教育学部研究紀要　第52巻　313～317頁　2004)

まとめ　0～4℃の水では、氷の構造の特徴を持った隙間の多い構造が壊れるため密度が大きくなり、4℃で最大となる。4℃を超えると、温度が上がるにつれて分子運動が活発になる効果の方が優り、分子間の平均距離が大きくなり密度が小さくなる。湖で氷が張っても底の方は4℃に近いので凍ることがなく、魚は生きておられる。

第3話

冷凍室に氷を長期間放っておくとなぜ消えてなくなるか？

冷凍室の中なら－20℃くらいには冷えているから蒸発するはずはないと思う人は多いかも知れない。ところが、たとえ－20℃でも氷は（昇華）蒸発する。

固体は原子または分子が規則的に並んで構造を作っているが、原子または分子はその位置の付近で振動している。絶対零度（－273.15℃）では、ほとんど静止しているが、温度を上げて行くと、振動が次第に激しくなる。－20℃というと温度が低いようであるが、熱振動の程度は℃で表わすよりも絶対温度（K）で表した方が分かりやすく、－20℃は253Kである。253Kは氷の融点の273Kにかなり近いから振動の様子は氷が溶けるときの状態とそれほど違わない。それで、253Kでもたまたま大きく振動する分子が現れてきて、勢い余って水蒸気として外に飛び出す。その外に飛び出す分子の確率が温度によって決まっていて、水蒸気圧の温度に対する変化という形で表される。

水蒸気圧の温度に対する変化は図7－2のように絶対温度と共に指数関数的に増加する。

それを数式の形で表現すると、次式のようになる。

$$P = P_0 \exp(-\Delta H/RT) \qquad (7-1)$$

ここで、Pは絶対温度 T での水蒸気圧（単位：hPa）、P_0は定数（圧力の単位）、ΔHは水の蒸発熱（単位：$kJmol^{-1}$）、Rは気体定数（$8.314JK^{-1}mol^{-1}$）である。式（7－1）の意味するところは、水と水蒸気とが共存するときの水蒸気圧は温度が上がるとともに、指数関数的に上昇することである。温度が高いほど水の分子運動が激しくなるため熱エネルギーが大きくなるので空気中を気体として動き回る量が増えるために水蒸気圧が高くなる。そのときの水蒸気圧の上昇の仕方を決めるのは、水の蒸発熱ΔHの値である。これは、水が蒸発して空気中に飛んで行くためには、まわりに存在する水の分子間の引力を切断するエネルギーが必要なためである。分子間の引力を切断するエネルギーが蒸発熱に相当し、水１g当たり2,257Jである。蒸発熱が大きいほど、より温度を高くしないと水蒸気圧が高くなりにくいことを示している。

図７-２で、蒸気圧が0℃で6.1hPa、－20℃では1.1hPaある。－20℃の氷の表面から1.1hPaの水蒸気が飛び出している。冷凍室の中で氷から飛び出した分子は、冷凍室の中の壁について霜みたいになったのもあれば、冷凍室を開けたりしたときに外に飛び出したのもあるかも知れない。

蔵王などに行くときれいな樹氷が見られるが、数日後に行ったら丸い氷の粒になっていたということがある。曇りや晴れの日が続くと気温が０℃以下でも樹氷の先端部分から昇華蒸発して丸みを帯びてくる。冷凍庫の氷でもよく観察すると、角ばった部分から昇華蒸発が起こりやすいので、丸みを帯びてくるのが見られる。

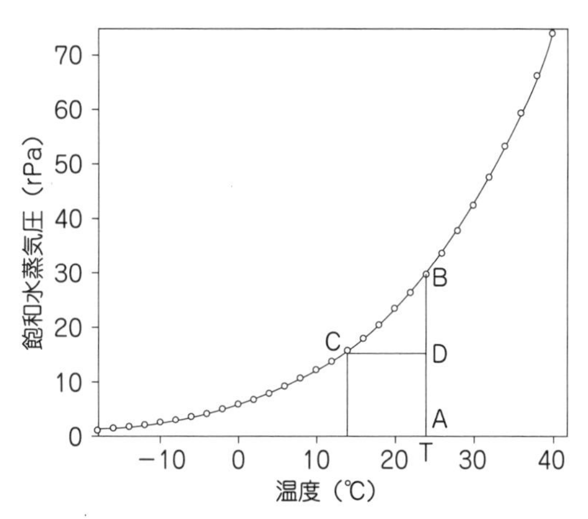

図7-2　水蒸気圧の温度に対する変化

> **まとめ**　たとえ－20℃の低温でも氷の表面から分子が蒸発するからである。－20℃（253K）の温度は、水の融点の0℃（273K）にかなり近いので、中には大きく振動する分子が現れてきて、勢い余って水蒸気として外に飛び出す。これを氷の昇華蒸発という。氷の蒸気圧は0℃で6.1hPa、－20℃では1.1hPaである。

第4話

氷に塩をかけるとなぜ温度が下がるか？

手作りアイスクリームを作るのに、氷に塩をかけて冷やす方法がある。手作りアイスクリームは、牛乳、卵黄、生クリーム、砂糖を混ぜ合わせた材料を、氷に塩を混ぜたもので冷やすことが行われている。材料には水に溶けるものがだいぶ含まれているので、凝固点は０℃より低くなっている。それで、アイスクリームを作るには、－５℃以下の低温が望ましい。

冷凍室で作った氷を割ってそこに塩をたっぷりかけたとする。氷は冷凍室から出したばかりであると－20℃くらいであるが、割ったりしていると表面から温度が上がってくる。氷の表面は、室温にさらされているので少し溶ける。そこに塩が触れるので溶けた水に塩が溶ける。塩が水に溶けるときには周囲から熱を吸収するから温度が下がる。ここで、塩が水に溶けるときになぜ周囲から熱を吸収するのだろうか？　塩はNa^+イオンとCl^-イオンからなる結晶を作っている。一方、水は水素結合で分子同士が結合している。塩が水に溶けるとき、水の水素結合を壊してNa^+イオンとCl^-イオンが水分子の中に割り込む。水と塩が別々にあった方が塩が水に溶けた状態に比べてエネルギー的に安定なので、塩の各イオンが水分子に割り込むためにエネルギーが要る。そのエネルギーを周りから奪うことで熱の吸収が起こる。そのときの熱の吸収量は１ｇ当たり約220Ｊでそれ程大きくはない。

塩が水に溶けるときの熱の吸収がそれほど大きくないとすると、どうしてそんなに温度が下がるのだろうか？　これにはもう１つ大きな原因がある。氷の表面で水に塩が溶けると水の融点が低くなる。これを凝固点降下とよぶ。そうすると氷は融点が低くなるのでさらに溶ける。氷を溶かすときは温めないといけないことから分かるように、氷が溶けると熱を吸収する。氷が溶けるときは１ｇにつき334Ｊも熱（融解熱）を周囲から吸収する。そうすると温度が下がるが、融点が下がるのでまた塩が溶ける。そのときにまた熱の吸収（溶解熱）が起こり水の融点がまた下がる。それでまた氷が溶けるというサイクルを繰り返して熱の吸収が起こり温度が下がる。結局、氷に塩をかけると温度が下がるのは融解熱と溶解熱を周囲から奪う効果だといえる。図7－3に氷に塩をかけると温度が下がる理由を示す。

それでは、氷に塩をかけるとどこまでも温度が下がるのだろうか？　どこまで温度が下がるかは物質によって明確に決まっている。塩が水に溶ける場合は－21.2℃が限界の温度である。－21.2℃以下では、塩水は液体の状態では存在できず、食塩の水和物NaCl・$2H_2O$と純粋な氷の結晶とに分離する。このように、塩がどこまで水に溶けてどの温度まで液体でおられるのか、固体になった場合にどのような化学形態で存在するかなどの情報は、水－NaClの相図（相平衡図）から読み取ることができる。同様に、塩化カルシウムと氷の共存系では、混合比によっては－50℃以下の低温も得ることができる。

冬に道路に雪が積ると車の事故が起こりやすくなるので融氷雪剤として塩が利用されることがある。その理由は、塩が溶けることにより、降り積もった雪（氷）の融点が下がって溶けることを利用している。塩だけではなくて、塩化カルシウム（$CaCl_2$）も融雪剤として使われている。

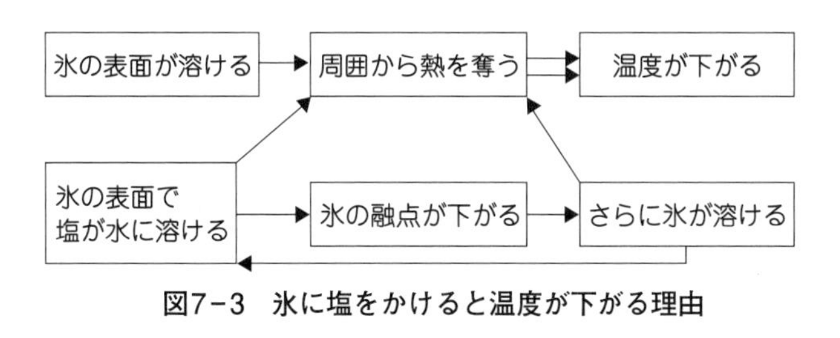

図7－3　氷に塩をかけると温度が下がる理由

まとめ　氷の表面で溶けてできた水に塩が溶け、周囲から熱を吸収するから温度が下がる。氷の表面で塩が溶けると氷は融点が低くなるのでさらに溶け、熱を吸収するのでさらに温度が下がる。氷に塩をかけると温度が下がるのは融解熱と溶解熱を周囲から奪う効果である。塩が水に溶ける場合の限界の温度は－21.2℃である。

第5話

海で漂流して飲み水がなくなったらどうするか？

1ヶ月間も海上をボートで漂流して生き延びたというニュースがあった。海上で漂流して一番苦労したのが飲み水の確保だったという。すぐそばには海水がたくさんあるけど、海水は飲み水には役に立たない。海水の塩分濃度は約3.4％で、私たちの体の細胞液の塩分濃度の0.9％よりかなり大きいので、海水を飲むとかえって脱水状態になる。漂流した人は、雨水はもちろん自分の尿まで飲んだという。そういうときは、他に良い方法はないものだろうか？

持っていたビニルのシートを広げて雨水を集めるというのは誰でも思い付く方法である。次に、持っていた燃料となべを用いて海水を沸かして、なべのふたについた水滴をすくって飲んだという例もある。

ここでは、なべはあるが燃料はなくなったとして海水から飲み水を得る方法を考える。それには、海で自然に行われている水の蒸留方法をまねるとよい。海の水は太陽の光で熱せられて水蒸気になり、それが上空で冷やされて雲になり、やがて雨となって降ってくる。太陽の光で海水を熱して水蒸気を発生させ、それを冷却して水を作ればよい。

なべに海水を７割程度入れ、太陽の当るところにおいて温める。なべのふたは別に海水で冷やしておく。そして海水が温まったところでなべにふたをし、ふたの上に海水でぬらした布などで冷やす。そうすると、なべのふたの裏側に水滴がつく。その水滴を集めればよいのである。

もし、なべの中の海水の温度が30℃でなべの中の湿度が90%であったら、図７－２から分かるように、30℃のときの飽和水蒸気圧42hPaだからなべの中の水蒸気圧は38hPaという計算になる。したがって、もしなべのふたの裏側の温度が28℃以下にできれば、露点以下になるのでそこに水滴がつくことになる。一度水滴が得られたら何回もそれを繰り返すことによって、水を得る量を増やすことができる。なべの中の海水の温度を高くするほど水蒸気圧が高くなり、なべの中の水蒸気量が増える。また、なべのふたの裏側の温度を低くするほど、水滴がつく限界の水蒸気圧が低くなる。なべの中の海水の温度をなるべく高くし、なべのふたの裏側の温度を低くするほど、この水の製造装置の効率が良くなる。

なべの中の海水の温度をなるべく高くするには、なべをボートの中で最も温度が高いと思われる位置に置く。そのときなべの温度をさらに高くするように、アルミ箔など金属製のものがあったら、反射した光がなべに集中的に当たるようにいくつも置く。いわば太陽加熱炉みたいにすれば、この水の製造装置の効率がさらに良くなる。

図7-4　ボート上での水の製造が可能？

まとめ　ビニルのシートを広げて雨水を集める。海水の入ったなべを太陽の当るところにおいて温め、なべのふたは別に海水で冷やす。なべにふたをすると、ふたの裏側に水滴がつくのでそれを集めればよい。なべの中の海水の温度をなるべく高くし、なべのふたの裏側の温度を低くするほどこの水の製造装置の効率が良くなる。

第6話

地球上の水と熱のバランスは？

地球上にある水の割合は98.37％が海水で、残りの大部分が氷河で1.59%、残りの大部分が地下水、湖沼、河川の水で0.036%、雲、霧、水蒸気などの大気中の水は全体の0.001％に過ぎない。地球表面に降る年間降雨量は972mmである。１日当たりでは2.7mmで約10日分の雨量しか大気中にない。水は約10日間の周期で巡っていることになる。

海と陸での水の年間蒸発量はそれぞれ42.5万km^{3}と7.1万km^{3}である。一方、海と陸での水の年間降水量はそれぞれ38.5万km^{3}と11.1万km^{3}である。蒸発量と降水量の総量は地球全体ではバランスがとれているが、海での降水量は蒸発量より少なく、陸での降水量は蒸発量よりかなり多い。陸で降水量が多いのは、水分を含んだ空気が山などに当たると、雨や雪になりやすいからである。陸での降水による余った水は河川から海に流入することによってほぼバランスがとれている。だから、海水の量はほぼ変わらない。

地球が温暖化して氷河が溶ければ、海面が上がる。氷河に含まれる水は湖沼などの陸水よりはるかに多く、南極やグリーンランドの氷が溶けたら海面が上がる。地球は数10万年前から氷河期と間河期を繰り返し、現在は間河期である。氷河期の最寒期に海面が約100m現在より低かったと考えられている。

地球上の熱のバランスは、南北方向に、大気の流れによる輸送と海流による輸送とがある。太陽から地球への熱（太陽放射）が原因となって大気の循環が発生する。太陽放射を受ける量は平均すると赤道付近で最も多く、緯度が高い北極や南極に近づくほど少なくなる。低緯度は温度が上がり高緯度は温度が下がり続けるように思えるが、実際は熱が低緯度から高緯度へ輸送される。

熱帯付近で温められて上昇した空気は対流圏界面に達して水平に広がり、中緯度地域の上空へ流れ込む。ここで冷やされた空気は下降し、中緯度（北緯・

南緯30度付近）で中緯度高圧帯とよばれる高気圧帯となる。中緯度高圧帯から吹き出す風は貿易風として熱帯収束帯に向かって吹き込む。こうして、上空では赤道から中緯度へ、地上付近では中緯度から赤道へ向かう、ハドレー循環ができる。地球表面を長い距離移動する風は地球の自転の影響（コリオリの力）を受けて、高緯度から低緯度へ向かう風は西向きに曲げられるため、貿易風は北半球では北東貿易風、南半球では南東貿易風となる。同様に、中緯度から高緯度に向かって偏西風が吹き、高緯度から極地域に向かって風が吹いている。

赤道付近で温められた海水は、南極や北極を目指して表層を流れる。黒潮やメキシコ湾流はその例である。これらの表層流は北大西洋や南極海に達するまでにエネルギーを放出しながら冷え、その一部は深層流に合流する。北大西洋と南極海では、氷山や流氷の溶けた冷水が、海深く沈降することで深層流になる。これは、水の密度が4℃のときに最高になること、塩水の濃度が大きいほど密度が大きいことが原因である。

このように、太陽エネルギーをより多く受けた低緯度付近の熱が大気の循環および海流によって高緯度地域に再分配されるので、南北の温度差が縮小する方向に働く。これらは熱が温度の高いところから低いところに移動する一つの表れと見ることができる。

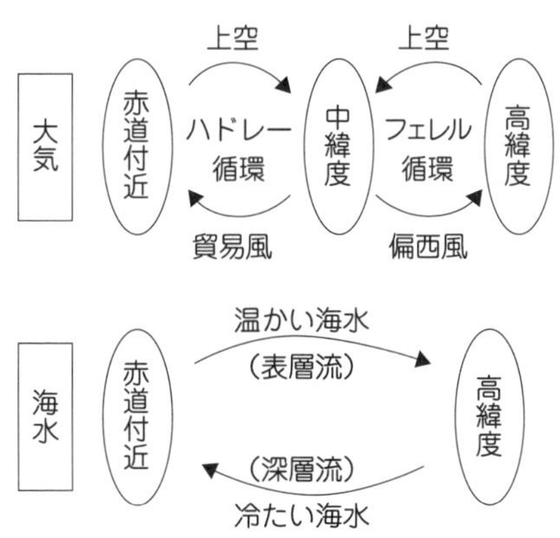

図7-5　地球上の熱の南北での輸送

まとめ　海での降水量は蒸発量より少なく、陸での降水量は蒸発量よりかなり多い。陸での降水による余った水は河川から海に流入することによってバランスがとれている。太陽エネルギーをより多く受けた低緯度付近の熱が大気の循環および海流によって高緯度地域に再分配されるので、南北の温度差が縮小する方向に働いている。

第7話

海流はなぜ生じるか？

地球規模の海水の循環を「海洋循環」とよぶが、同じものを「海流」と表現する。海流の形態として、表層循環と深層循環がある。表層循環は、海面での風によって起こされる摩擦運動がもとになってできる風成循環である。深層循環は、温度あるいは塩分の不均一による密度の差で起こる熱塩循環である。

海洋表層部では、緯度ごとにいくつかの海流のまとまりが見られる。基本的には、北半球の亜熱帯循環、南半球の熱帯循環、南半球の寒帯循環は時計回りで、北半球の亜寒帯循環、北半球の熱帯循環、南半球の亜熱帯循環は反時計回りに循環する。

暖流は低緯度から高緯度へ向けて流れる海流のことである。多くの場合、周囲の大気を暖めて自身は冷やされる海流で、暖流沿岸では温暖で湿潤な気候となる。日本周辺には黒潮と対馬海流がある。寒流は高緯度から低緯度へ向けて流れる海流のことで、周囲の大気を冷やして自身は暖められる海流である。日本周辺にはリマン海流と親潮（千島海流）がある。

深層循環は中深層で起こる地球規模の海洋循環を指す。メキシコ湾流のような表層海流が赤道大西洋から極域に向かうにつれて冷却し、北大西洋で沈み込む。北大西洋と南極海では、海氷のブラインが溶けた冷水は温度が低くかつ塩分濃度が濃くなる。低温かつ塩分濃度の濃い海水は密度が高く、水深約4000mの海底まで沈み込み深層水となる。

図7－6に示すように、北大西洋深層水は大西洋を南下し、南極海で南極深層水と合流して東に流れ、インド洋や大平洋に流れて行く。大平洋に入った深層流は、日本近海を水深約3000mで流れ、アリューシャン列島南部で表層に戻る。深層流の分流は途中各所で表層に上昇して流れ、大西洋に戻る。この大循環は、1000～2000年で一巡するといわれている。深層流の変動が、エルニー

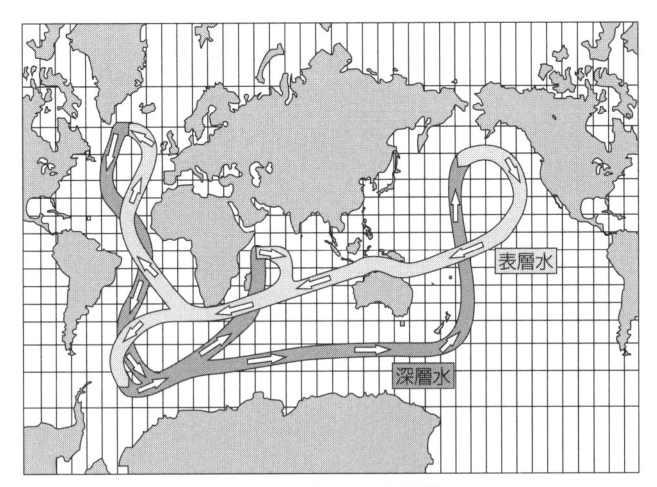

図7−6　海水の大循環

(http://pordlabs.ucsd.edu/ltalley/sio210/readings/broecker_1991_ocean_conveyor.pdf 2017.2.8アクセスを参考に作成)

ニョ現象を起こしている一因ではないかと推測されている。

深層循環と表層循環とを合わせて海洋大循環とよぶ。赤道付近で暖められた海水は、南極や北極を目指して表層を流れる。黒潮やメキシコ湾流はその例である。これらの表層流は北大西洋や南極海に達するまでにエネルギーを放出しながら冷え、その一部は深層流に合流する。

海洋深層水は、海底にある栄養源を表層に送り込む働きをしている。海洋の表層では、植物プランクトンが太陽エネルギーを利用して光合成を行っている。植物プランクトン、動物プランクトンやそれらを食料とする魚類などの死骸は、最終的には深層で分解して栄養無機塩類に戻る。植物プランクトンに必要な窒素、リンなどの成分を海洋深層水が海底から汲み上げる役目を果たしている。

まとめ　表層循環は海面での風により、深層循環は温度と塩分による密度差で起こる。北大西洋では氷山の溶けた冷水が海底で深層流となり、大西洋を南下し南極深層水と合流して東に流れ、インド洋や大平洋に流れる。大平洋の深層流は日本近海を流れ、北太平洋で表層に戻る。赤道付近で暖められた表層の海水は、南極や北極を目指して流れ海流となる。

コラム　雹が降ってくる条件

雹とは空から降ってくる直径５mm以上の氷粒のことである。直径５mm未満の氷粒は霰と呼ぶ。雹は大気の状態が不安定のときに降りやすい。一般に地上付近と上空との温度差が40℃以上あると大気が不安定になるといわれている。

大気の不安定度は地上付近と上空との湿度差によっても影響される。水蒸気を含んだ大気が上昇すると、水蒸気が凝結して水滴や氷片になる。凝結の際には潜熱が放出されるが、水滴や氷片が重力によって落下し、上昇した大気から分離（重力分離）される。重力分離があると潜熱が空気の中に保存されるため、温度変化が大きくなるので大気はより不安定になる。

地上付近と上空との温度差が大きいと上昇気流の力が強いので氷の粒が10000m程度まで持ち上げられ、積乱雲が発達する。上空5000m以上では氷粒として存在し、重いので落ちてくるが、下からの上昇気流で再び上空まで持ち上げられる。比較的低い高度で温度が－20～０℃の条件では、過冷却の水滴が存在することが多い。氷の粒が過冷却の水滴と出会うと容易に氷の粒に取り込まれる。氷の粒は上下運動を繰り返す中で成長して、やがて大粒の雹となって地上に落下する。図７－７に雹の断面顕微鏡写真を示す。写真では何回かの上下往復運動によって氷が多層構造を形成している。

図7−7　雹の断面顕微鏡写真
（出典：フリー百科事典　ウィキペディア）

第8章

金属と熱

この章では、鉄が燃える場合の条件と原理、耐熱合金の必要性と合金設計、形状記憶合金の原理と応用、バイメタルの原理と応用について述べる。

第1話 鉄は燃えるか？

大きい鉄のかたまりを見ると、鉄は燃えるはずがないと思う。燃焼とは（光と）熱を伴う酸化反応である。燃焼が進むには、可燃性物質、酸素、温度（火源）の３つが必要である。鉄も条件によっては燃えることがある。鉄は人工的に高温でコークス（C）を用いて鉄鉱石（酸化鉄）を無理やり還元したものである。自然の状態では水や空気が存在するので鉄は必ず酸化されるが、酸化速度が遅いので表面が錆びるだけである。

ところが、直径0.01～0.02mm程度のスチールウールに着火すると燃える。スチールウールは、サビ落とし、金属、家具、石材の研磨などに使われている。スチールウールの細線の束を潰さないで、空気がよく通るようにほぐして着火すると、赤く輝いて細線に沿って光が伸びて行く。これは、

$$2Fe + (3/2\ O_2) = Fe_2O_3 \qquad (8-1)$$

で示される鉄の酸化が発熱反応で、反応熱によって鉄の細線の温度が上がる。熱伝導率の大きい鉄によって熱が運ばれ、酸化反応が継続する。

ところが、スチールウールの燃焼の反応式としては、式（８－１）が必ずしも正しくない。反応が継続するには、生成したFe_2O_3の中を酸素が十分な速度で拡散する必要があるが、その速度が非常に遅い。一方、鉄を空気中1000℃程度の条件に置くと、酸化が進行し表面から順に$Fe_2O_3/Fe_3O_4/FeO/Fe$と層状に酸化物が生成する。表面に近いほど酸化物の組成O/Feの比が大きく、酸素濃度が大きい。スチールウールの燃焼においても、同じように酸化物が層状になり、細線の中心付近には未反応の鉄があると考えられる。燃焼後のスチールウールの色がFe_2O_3の赤褐色ではなく黒ずんで見えるのは、Fe_2O_3の層が非常に薄く、Fe_3O_4の色のためと考えられる。

燃焼前のスチールウールを0.5gくらい取って重量を0.1mg単位まで秤量してからバーナーでスチールウールが飛び散らないように十分に燃焼させた後のスチールウールの重量増から酸化物の平均組成が計算できる。その結果は、O/Feの比が0.9～1.1になる。Fe_2O_3であればO/Feの比が1.5であるから、図８-１に示すようにいろんな酸化物が層状になっていると考えられる。

使い捨てカイロは、光は出ないが、ゆっくりと起こる燃焼（酸化）による発熱を利用したものである。この場合は、鉄は酸素との接触面積を増やすために細かい粉にしてある。使い捨てカイロに含まれる活性炭は酸素を多く吸着するため、食塩水は反応を速めるためである。鉄粉、活性炭、食塩水、酸素が存在する時に発熱し、生成するのは水酸化第二鉄（$Fe(OH)_3$）である。最近の貼るタイプの使い捨てカイロでは、製造時点で内容物の鉄粉と活性炭、食塩水が混合済で出荷されているので、利用時には開封するだけで発熱が開始する。

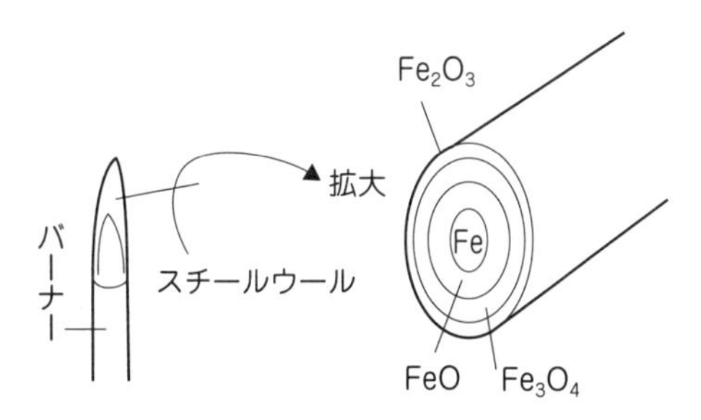

図8-1　燃えたスチールウールの断面の拡大図

まとめ　鉄は通常の条件では表面が錆びるだけだが、直径0.01mm程度のスチールウールに着火すると燃える。スチールウールの細線に着火すると、酸化反応で発生する熱で温度が上がり鉄の細線に沿って赤く輝いた光が伸びて行く。使い捨てカイロは鉄粉の燃焼を利用したもので、鉄は酸素との接触面積を増やすために細かい粉にしてある。

第2話

耐熱合金はどの温度まで耐えられるか？

火力発電では運転温度を高くするほど発電効率が良くなる。少ない化石燃料で多くの電力が得られるので、耐熱温度の高い材料が求められている。

現在の火力発電の中心は、加熱水蒸気のエネルギーを利用してタービンを回転させ発電を行う蒸気火力である。蒸気タービンでは、蒸気条件を650℃で34.5MPa（350気圧）まで高めた場合、最高の熱効率は43％程度である。一方、ガスタービンは、単独では運転温度を1000℃にしても熱効率は30％にも届かない。ただし、ガスタービンの排熱温度は600℃近くで、蒸気タービンの入口温度の最適温度にほぼ合致するので、組み合わせて使えば効率の良い発電が行える。ガスタービンと蒸気タービンの複合サイクル発電では、タービン入口のガス温度を高くするほど、総合熱効率は大きく増加する。

往復動エンジンでは、シリンダー内で爆発時に高温になり吸気時に冷やされるが、ガスタービンエンジンは連続流れのため、常時燃焼器やタービンは高温になる。タービン部は回転するので、遠心力によって高温強度が持たなくなる。

この発電用ガスタービンは、航空機用のジェットエンジンが発電用に改良され、普及したものである。ジェットエンジン用の高温構造材料として、Ni基超合金などの開発が進められ、耐用温度の高い合金が開発されてきた。

一方、タービン入口のガス温度を高くすれば熱効率が向上することは分かっているが、ガスタービンの耐熱温度には限界があるので、入口温度を高くしつつタービンを冷却する技術が開発されてきた。精密鋳造技術によって動翼および静翼は中空構造の形に製造し、翼に強制的に空気を噴き出して冷却することが可能になった。その結果、ジェットエンジンの運転温度は最大出力時には1500℃以上に達しても金属部分の温度を低く保つことができる。ガスタービンでも高温部では冷却技術や遮熱技術が使われる。空気で冷却する方法では、翼の内部を冷却する方法と、内部から翼の外に空気を吹き出し、空気の膜を作り、翼を熱から守る方法がある。1500℃級のガスタービンでは、水蒸気が空気に比べて冷却性能が良いため、翼や燃焼器の冷却に水蒸気を使用し、その蒸気を蒸気タービンで利用している。現在の耐熱合金の耐用温度の最高レベルは約1100℃で耐久試験などのデータが蓄積されている。日本で実証プラント運転が行われている1600℃級の超高温ガスタービンを含む複合発電の例では、約60％の総合熱効率が実現している。

熱効率を更に上げて発電時の二酸化炭素の排出を減らすべく、入口ガス温度を1600℃から1700℃に上げる研究がなされている。耐熱合金の融点を上げるには、ニッケルなどベースとなる金属に、コバルト、クロム、モリブデン、タングステン、タンタル、レニウムなどの高融点金属を配合すると実現できる。しかし、配合の組み合わせはとても多く、配合量の割合を少し変えるだけで、合金の特性は大きく変化するし、高融点金属は高価という問題点がある。さらに、高温化を目指すためには、Ni基超合金以外の金属間化合物、高融点金属の合金、セラミックス、さらにはそれらをマトリックスとする各種の複合材料の開発が必要である。

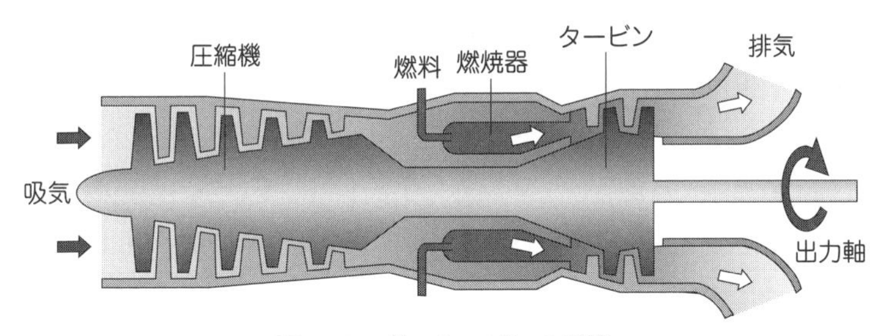

図8-2　ガスタービンの構造
（出典：http://www.khi.co.jp/gasturbine/product/industry/gasturbine.html）

まとめ　火力発電では、運転温度を高くすれば発電効率が上がるが、ガスタービンの耐熱温度を上げることが必要である。現在、ニッケル基合金において、入り口温度が1600℃の超高温ガスタービンが実現し、ガスタービンと蒸気タービンの複合発電の実証実験では総合発電効率約60％が実現している。

第3話

形状記憶合金とは？

形状記憶合金は、ある温度（変態点）以下で変形しても、その温度以上に加熱すると元の形状に回復する性質を持った合金で、この性質を形状記憶効果という。形状記憶合金としてチタンとニッケルの合金が一般的であるが、その他にも鉄-マンガン-ケイ素合金など、様々な素材で作られている。組成を変更することで任意の温度以上になった場合に、予め設定した形状に変形する性質から、様々な分野での応用がある。

形状記憶合金は結晶構造の10％以内の歪みに対して、所定の温度にすると弾性を発揮し元の形状に戻ろうとする性質を示す。結晶構造が変わってしまうほどの極端な変形、または結晶構造が崩れるほどの高温を加えると、この弾性が失われ可塑性により、その時の形状が「記憶」される。この場合の記憶は情報の保持とは異なるが、金属の結晶構造が原型という情報を保持している。

形状記憶現象の模式図を図８－３に示す。NiTi合金は、高温ではオーステナイト相(a)になっている。冷却すると(b)のマルテンサイト相となり、外からの力を加えると(c)の変形したマルテンサイト相に変わり、力を取り除くと、元のオーステナイト相に戻る。(b)のマルテンサイト相は格子がジグザグしているが、２種類の兄弟晶がお互いの歪みを打ち消し合うように配列している。マルテンサイト相は柔らかく曲がり、外から力をかければ簡単に変形される。しかし、原子の配列は屏風のようになっていて、変形させても原子間の配列は変わらない。そこで、(c)の変形したマルテンサイト相のものを加熱して変態温度より上げてやるとオーステナイト相になり、冷却すると元のマルテンサイト相に戻る。

形状記憶材料に用いられるNi-Ti合金組成はNi54～56wt.%で、マルテンサイト変態が起こる転移温度が30～100℃の範囲にある。形状記憶現象を利用する目的に応じて、Ni組成、即ち転移温度を選ぶことができる。

使い道が無いといわれていた形状記憶合金を有名にしたものが、ブラジャーのカップのワイヤーである。一般的な金属で作られていたが、洗濯などで変形しやすいので変形しにくくすると硬く肌触りが悪くなる。所定の形を予め設定した形状記憶合金を仕込むことで、肌へのあたりは柔らかく、つけていると体温で所定の形を保つことができる。

内視鏡は、細ければ細いほど対象に挿入する際の負荷が小さくてすむが、細くすると先端部に機械要素を組み込むのが難しくなる。この場合、先端部に「熱を加えると、その方向に屈伸する」という性質の形状記憶合金のワイヤーをケーブルに沿って複数仕込んでおき、これに電流を流せるよう電線に繋ぐ。あとは曲げたい方向の形状記憶合金ワイヤーに通電するとジュール熱が発生してワイヤーが変形し、内視鏡ケーブルの先端が自在に曲がる。このようなアクチュエータ（駆動用の機械要素）では、従来は微細過ぎてモーターなどを仕込めなかった小型機械に運動機能を持たせることができ、小型ロボットの筋肉（人工筋肉）としての利用方法も期待される。

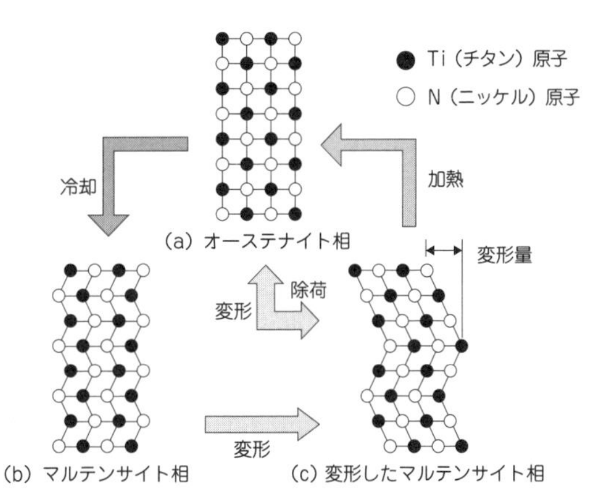

図8−3　形状記憶現象の模式図
オーステナイト相(a)　マルテンサイト相(b)
変形したマルテンサイト相(c) の構造
（http://www.actment.co.jp/sma_kiso.htm）

まとめ　形状記憶合金は、ある温度（変態点）以下で変形しても、変態点以上の温度に加熱すると、元の形状に回復する性質を持った合金である。Ni-Ti合金組成はNi54～56wt.%で、マルテンサイト変態が起こる転移温度が30～100℃の範囲にある。Ni組成により転移温度を選べ、内視鏡、人工筋肉のアクチュエータ、締め付け具、衣類などに利用されている。

第4話

バイメタルとは？

バイメタルとは、熱膨張率が異なる2枚の金属板を貼り合わせたものである。バイメタル式温度計は、熱膨張係数の異なる２種の金属板を重ねたバイメタルをバネ状に巻いたものを使用し、温度変化による変位を指針に指示する。温度の変化によって曲がり方が変化する性質を利用して、温度計以外にも温度調節器などに利用されている。バイメタル式温度計には、室内用の壁掛け型、指針により温度を示す円形の文字盤の裏側に温度の感知部分が突き出している形状の製品が多くある。気温、水温、土壌温度、調理用の温度測定に用いられる。

バイメタルは鉄とニッケルの合金に、マンガン、クロム、銅などを添加して２種類の熱膨張率の異なる金属板を作り、冷間圧延で貼り合わせたものである。バイメタルは熱膨張率が異なる2枚の金属板を貼り合わせているので、熱膨張率の差が大きい必要がある。それで、熱膨張率が小さい側の合金は線膨張係数がゼロが理想である。実際には、熱膨張率が小さい側の合金として、インバーが使われている。インバーはニッケル36％・鉄64％の合金で、室温付近では線膨張係数が1.2×10^{-6}で、ニッケル32％・コバルト４％のスーパーインバーでは線膨張係数が0.0×10^{-6}となる。

なぜインバー合金は膨張係数がゼロに近いのだろうか？　これには合金内の鉄原子とニッケル原子の挙動の違いが関係している。ニッケル原子は温度上昇に伴って原子間距離が広がるが、鉄原子は温度上昇に伴って原子半径が小さい低スピン状態になる。つまり、原子間距離の広がりによる膨張と原子半径の収縮が同時に起きて、効果が相殺されるため熱膨張がほとんど起こらない。

バイメタルのサーモスタットとしての利用は温度によってスイッチのオン・オフを自動的に切り換える装置である。温度を一定に保つためのこたつ、アイロンなどの電化製品に用いられている。

蛍光灯を点灯させる際に、安定器に高電圧の誘導起電力を発生させ、蛍光管の内部で放電を起こさせるものとして温度が上がると曲率が小さくなるバイメタルが使われている。その動作原理は、まずスイッチを入れると、バイメタルの周辺でグロー放電が発生し、それによる加熱でバイメタルが変形する。変形により、バイメタルが接点と接触し放電が終了する。放電終了により、バイメタルが加熱されなくなるとバイメタルの変形が元に戻ろうとする。それによりバイメタルが接点から離れ、その瞬間に安定器に高電圧が発生する。

バイメタルはポップアップ式トースターの電源断（焼きあがり判定）にも用いられている。バネで引っ張られた、電源スイッチを兼ねたレバーの規制機構に繋がっており、一定の熱量を受けたバイメタルがレバーを開放すると、電源が遮断されるとともにトーストが飛び上がる。

バイメタルは過負荷から電気設備を保護するためのサーマルリレーにも用いられている。バイメタル周辺にヒーターを取付け、過負荷により温度が上昇すると接点が動き配線を遮断する。

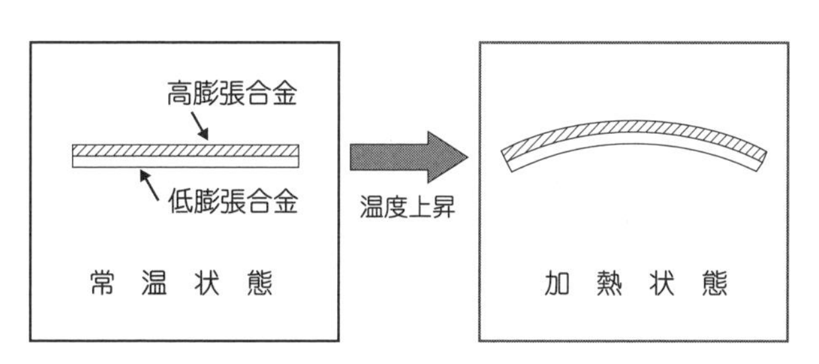

図8−4　バイメタルの常温状態と加熱状態
http://www.crecer.jp/Q-A/HTML/A-4.html

まとめ　バイメタルは、熱膨張率が異なる２枚の金属板を貼り合わせたものである。熱膨張率の差を大きくするため、一方は線膨張係数がゼロに近いインバー合金が使われる。バイメタル式温度計はバネ状に巻いたもので、温度変化による変位を指針に伝える。バイメタルは温度調節器、蛍光灯の安定器、トースター、サーマルリレーなどに使われている。

コラム　ステンレスは錆びないか？

ステンレスは鉄を主成分として、クロム、ニッケル、モリブデンなどの元素を加えた合金である。鉄は水に濡らしたり高温にしたりすると、簡単に錆びる。ところがステンレスは錆びにくいとされる。ステンレスはその組織によって、マルテンサイト型、フェライト型、オーステナイト型に分類される。マルテンサイト型は13％Cr、フェライト型は18％Cr、オーステナイト型は18％Cr-8％Niの組成が主体である。マルテンサイト型とフェライト型は室温で磁性を持つ（強磁性）が、オーステナイト型は室温で常磁性である。

ステンレスの構成元素である鉄、クロム、ニッケル、モリブデンは室温から高温まですべて空気中で酸化物が安定なのに、ステンレスはなぜ錆びにくいのであろうか？　それは、ステンレス中のCr原子が酸化されるとCr_2O_3の緻密な酸化膜が表面にでき、それ以上の酸化の進行を遅らせるからである。この表面の酸化膜を保護膜という。しかし、ステンレスでも傷がついたりすると、酸化物の保護膜がなくなるので錆びやすくなる。

また、水が存在する条件下では酸化によって生成したCr_2O_3または$Fe_{3-x}Cr_xO_4$などの化合物の存在がFe^{2+}イオンの安定存在領域を狭めてしまうので、よほどの高温の酸化雰囲気か、pHが非常に小さい条件にならない限り酸化が進まない。それで、水の存在下での鉄を溶けにくくしている。

高温空気中ではステンレスもかなり酸化される。高温では、酸化物（Cr_2O_3）中のイオンの拡散が速くなり、反応の進行が加速されるからである。ステンレスの高温酸化を抑制するために、Al, MoやCe, Prなどの希土類元素が添加されている。

第9章

高分子と熱

この章では、発砲ポリスチロールの断熱性、エンプラの耐熱性、ペットボトルの耐熱性、フッ素樹脂の多機能性について、それらの理由を述べる。また、ゴムが伸びる理由についても述べる。

第1話

発泡ポリスチロールはなぜ断熱性があるか？

発泡ポリスチロールは、気泡を含んだポリスチレンである。発泡ポリスチレン、ポリスチレンフォームともいう。カップラーメンの容器などに使われ、熱湯を注いでも断熱性があるため容器が熱くならない。発泡スチロールは、軽量かつ断熱性に優れ、成型や切削がしやすく、安価で弾力性があり衝撃吸収性にも優れるので、破損しやすい物品の緩衝・梱包材としても用いられる。

ポリスチレンとしての性質は、白色で耐熱性は低く、約90℃で軟化・融解し、非常に燃えやすい。ポリスチレンは炭化水素なので、燃やすと水と二酸化炭素になる。製法には、ビーズ法発泡スチロール（EPS）、ポリスチレンペーパー（PSP）、押出ポリスチレン（XPS）の３種類あり、化学的にはほぼ同じであるが、形状や気泡の特性が違うため用途も異なる。

EPS製素材は最も古くからある発泡スチロールで、様々な用途に利用され、よく見かける素材である。割ると小さな粒が集まって固まったように見えるが、その各々がビーズとよばれる小さなポリスチレンの粒を発泡させたものである。ビーズ法発泡スチロールは、ポリスチレンを主にブタンやペンタンなどの炭化水素ガスで発泡させて製造される。具体的には、直径１mm程度のポリスチレンビーズに炭化水素ガスを吸収させ、これに100℃以上の高温蒸気を当てて樹脂を軟化させ、圧力を加えて発泡させる。発泡したビーズ同士は融着し合い、冷却時に様々な形状となる。EPSの発泡率（発泡過程で膨張する割合）は約50倍である。発泡後は、容積の95～98%が炭化水素ガスである。

発泡スチロールの断熱性の理由は、発泡によって生じた非常に小さな閉じた気泡にある。この気泡の中の気体は空気ではなく、ブタンやペンタンである。空気の熱伝導率は$0.024\,Wm^{-1}K^{-1}$であるが、これらの気体は空気よりもさらに熱伝導率が小さい。気体は分子運動による衝突で熱を伝えるが、分子量が大きいと速度が小さいので熱を伝えにくくなる。空気の平均分子量29に比べて、ブタンが58、ペンタンが72と大きいのがその理由である。その結果、発泡スチロールの熱伝導率は0.028～0.04 $Wm^{-1}K^{-1}$の値を持つ。発泡スチロール内を熱が伝わるとき、樹脂の部分は熱が比較的伝わりやすいが、気泡では熱の伝わりが非常に悪いので、樹脂のところを伝って行こうとすると迷路のように曲がりくねりして行かねばならない。そのため発泡スチロールは断熱性を持つ。

ポリスチレンペーパー（PSP）は、EPSのように高温蒸気で加熱・発泡させるのでなく、熱を加えて融解させた原料に、発泡を行うためのガスや発泡剤を加え、液体から厚さ数mm程度のシート状に引き伸ばすと同時に発泡させる。発泡率は約10倍で、食品トレーや、カップ麺の容器などに使われる。食品トレー等に加工するには、必要な大きさに切り分け、加熱しながら金型でプレスして整形する。カップ麺の容器は、強度や耐熱性を増すために、他の合成樹脂からなるシートが表面に接着されているものが多くある。ポリ塩化ビニルやポリプロピレンなどの樹脂からなる保護シートを接着することで、耐衝撃性が増すため、大型容器や過酷な輸送が予想される容器に広く用いられている。

耐火材として壁に埋め込まれる押出ポリスチレン（XPS）は、主に建材に使われる堅くて難燃性の発泡スチロールである。建材であるため一般の目には触れにくいが、住宅の断熱材として屋根材の下や外壁の下などにもよく使われている。発泡スチロールの易燃性は建材として致命的なので、難燃剤などを添加して難燃性を向上させている。EPSも、建材に使われるときは同様に難燃剤が添加される。液化した原料と発泡剤と難燃剤を高温・高圧下でよく混ぜ、一気に通常気圧・温度の環境に吹き出させることで連続的に発泡・硬化させ、これを必要な大きさの板に切断する。

まとめ　発泡スチロールの断熱性は、発泡によって生じた非常に小さな閉じた気泡にある。気泡の気体はブタンやペンタンで、これらの気体は空気よりもさらに熱伝導率が小さいので熱を伝えにくい。発泡スチロール内では、樹脂のところは迷路のように曲がりくねって熱が伝わりにくく、結果として発泡スチロールが断熱性を持つ。

第2話

耐熱性があるといわれるエンプラとは？

エンジニアリング・プラスチックとは、強度と耐熱性など特定の機能を強化したプラスチックの名称で、「エンプラ」と略称されることが多い。一般には、100℃以上の環境に長時間曝されても、49MPa以上の引っ張り強度と2.5GPa以上の曲げ弾性率を持ったものである。

エンプラは、使用温度や強度の点で、金属部品と従来型プラスチック部品の中間的・補完的な位置にあり、用途に応じて使い分けられている。プラスチックは可塑性に優れ、成形加工しやすい長所を持つが、熱に弱いため機構部品として用いると、可動部で摩擦熱が発生したり使用環境の温度が高いと強度不足で破損したり精度が保てない、寿命が短いなどの問題点がある。エンプラは耐熱性が優れているため、ある程度の高温環境でも強度が維持できる。

エンプラは、従来のプラスチックに比べて素材の価格が高く、加工費も割高となる傾向がある。ただし素材に強度があるため、構造を細く薄くするなどして、製品を軽量化できる余地がある。従来のプラスチック製品の需要をエンプラが代替するよりも、金属素材の置き換えという役割の方が大きい。

エンプラの多くは、家電製品内部の歯車や軸受けなどの機構部品に多用されている。これらは油がなくとも耐磨耗性に優れ、軽量でさびず、複雑な形状も精度良く成形加工できて大量生産に向き、電気製品全般の筐体にも広く採用されている。十分な強度を持ち複雑な形状を容易に製造できるため装置の小型化が可能で、携帯機器などに適している。

汎用エンプラとしては、ポリアセタール（POM)、ポリアミド（PA)、ポリカーボネート（PC)、変性ポリフェニレンエーテル（m-PPE)、ポリブチレンテレフタレート（PBT）がよく用いられる。

高分子材料は，結晶部と非晶部からなる「結晶性高分子」と，非晶部のみか

表9-1 耐熱高分子の熱的性質

高分子	Tg/℃	Tm/℃	最高使用温度/℃	熱伝導率 $/Wm^{-1}K^{-1}$	熱膨張係数 $/10^{-6}K^{-1}$
PS（ポリスチレン）	110	−	80	0.13	80
POM（ポリアセタール）	−56	175	100	0.23	80
PC（ポリカーボネート）	150	−	125	0.20	65
PTFE（フッ素樹脂）	−33	327	260	0.25	100

らなる「非晶性高分子」に分類できる。後者はさらにガラス転移点（Tg）が室温より低い「ゴム状高分子」と室温より高い「ガラス状高分子」に分類される。ガラス転移点とは主鎖の分子運動が凍結したガラス状態から主鎖のランダムな運動が開始する温度を指す。結晶性高分子と非晶性高分子の物性は、それぞれ結晶部の融点（Tm）とTgの前後で大きく変化することから、使用最高温度もTmとTgにより制限される。いくつかの耐熱高分子の熱的性質を表9-1に示す。概して融点（Tm）が高い方が耐熱温度も高いといえる。また、高分子の熱膨張係数はTg以下であっても金属やセラミックスに比べて数倍以上大きいが、これは温度の上昇に伴う多様な分子運動によって分子鎖間に存在する自由体積が増加するためである。そのため高分子の体積膨張制御は本質的に困難であるが、ガラス繊維や炭素繊維、無機フィラーとの複合材料化により面内熱膨張係数が数$10^{-6}K^{-1}$と小さい基板も製造されている。

さらに高温の150℃の環境で長期間機能を発揮するプラスチックはスーパーエンジニアリング・プラスチックとよばれ、「スーパーエンプラ」と略称される。ポリイミド（PI）、ポリエーテルイミド（PEI）、フッ素樹脂（PTFE）、液晶ポリマー（LCP）などがある。

まとめ エンプラとは、100℃以上の環境に長時間曝されても機械的強度が一定以上のプラスチックである。エンプラは、油がなくても耐磨耗性に優れ、軽量でさびず、複雑な形状も精度良く、大量生産に向き、電気製品などに広く採用されている。汎用エンプラとして、ポリアセタール、ポリアミド、ポリカーボネートなどが用いられる。

第3話

フッ素樹脂はなぜいろんな用途に使われるか？

ポリテトラフルオロエチレン（PTFE）はテトラフルオロエチレンの重合体で、テフロン（Teflon）の商品名で知られる。

フッ素樹脂の耐熱性は汎用プラスチック中最高で、－100℃～260℃の温度範囲で長時間使用できる。特に低温では－196℃の液体窒素温度で使用しても常温と同じ摩擦係数を示す。フッ素樹脂の融点は327℃で、これ以上の温度ではゲル状態で機械的性質は急激に変化する。分解開始温度は390℃からで、それ以下では融点を超えても形はくずれず、常温に戻せば劣化はない。

フッ素樹脂でコートされたフライパンは焦げ付きにくい。日用品や調理器具の表面のコート塗装などに多く使用されている。食品、調味料による侵食に強く、また摩擦係数が小さいことから食品の焦げ付きを防ぐ。ただ、強火による加熱や食材などを入れて放置すると劣化や剥離が起こることもある。

フッ素樹脂は、いかなる酸およびアルカリ、有機薬品に対しても全く安定で、侵されたり膨潤したりすることがない。耐薬品パッキンとしてとても優れている。耐オゾン性も良好で、耐候性についても10年間の曝露試験に対して全く変化がない。吸湿性、吸水性も0.00％である。

フッ素樹脂は電気関係や高温腐食性流体を扱う化学的機械的用途において広く加工用素材として利用される。チューブ、ホース、テフロンシート、さまざまなパッキン、剥離材、絶縁材、断熱材、粘着テープ、摺動材、耐熱コンベアベルト、コーティング材、すべり材、ベアリング、スリーブ、フランジ、ワッシャーなどの素材として用いられている。

フッ素樹脂の摩擦係数は非常に小さく、高荷重、低速ではグラファイト、二硫化モリブデンなど他のいかなる固体潤滑剤よりも小さい摩擦係数（0.04）を示す。ただ、硬いもので擦ると容易にキズがついて削れてしまう。

フッ素樹脂の切削性はきわめて良好で、切削加工は容易である。ただし、温度による膨脹、収縮は金属よりはるかに大きいので、加工の際の寸法公差は使用時の温度条件を基準に考える必要がある。PTFEは一般の樹脂と同レベルの熱膨張係数を示すが、23℃付近に特有の転移点が存在し、寸法変化が大きくなるので注意が必要である。

フッ素樹脂は無極性で、誘電率、力率共に温度、周波数に関係なく一定できわめて低く、絶縁抵抗や絶縁破壊の強さもプラスチック中最高である。高温のなかで、15000～20000Vの高電圧の下に使用しても高い絶縁抵抗を示し、電気絶縁材料として非常に有用である。

フッ素樹脂の製造には、加熱によっても熱流動を起こさないため、通常の樹脂のように溶解成型を行うことができない。そのため、成型は粉末の圧縮加温によって行われる。これは製品の製造効率上好ましくないので、溶解成型が可能なフッ素系樹脂として、類縁有機フッ素化合物の共重合体や有機フッ素塩素化合物の重合体が開発され、各種のブランド名をつけられて販売されている。

このように、フッ素樹脂は、耐熱性、耐薬品性、電気特性が優れた樹脂であるが、その原因は強固なC-F結合にあると考えられる。フッ素は電気陰性度が最も大きく、イオン半径が小さいことからC-F結合が強く、またPTFEは対称性が良く高い融点を持つ。

表9-2　フッ素樹脂の特徴

フッ素樹脂	
$-\!\left(\begin{array}{c}F\ \ F\\ |\ \ \ |\\ C-C\\ |\ \ \ |\\ F\ \ F\end{array}\right)_n\!-$	−100℃～＋260℃の温度範囲で長期間使用可能 いかなる酸およびアルカリ、有機薬品に対しても安定 絶縁抵抗や絶縁破壊の強さもプラスチック中最高 摩擦係数は非常に小さく、固体潤滑剤中最小（0.04）

まとめ　フッ素樹脂は、C-F結合が強いため、高融点、化学的安定性、耐熱性、耐薬品性、電気特性に優れ、摩擦係数が小さい。フッ素樹脂でコートされたフライパンは焦げ付きにくく、酸およびアルカリ、有機薬品に対しても安定である。フッ素樹脂は、チューブ、ホース、シート、パッキン、剥離材、絶縁材、断熱材などに用いられている。

第4話

ペットボトルはどの温度まで使えるか？

ペットボトルとは、プラスチックの一種であるポリエチレンテレフタレート（PET）を材料として作られている容器である。PETは式（9－1）のように、石油を原料とするエチレングリコール（$HO\text{-}CH_2\text{-}CH_2\text{-}OH$）とテレフタル酸の脱水縮合重合によりエステル結合が連なったポリエステルとなる。

$$n\,\mathrm{CH_2(OH)-CH_2(OH)} + n\,\mathrm{HOOC-C_6H_4-COOH} \xrightarrow[-2nH_2O]{} \mathrm{\left[O-\overset{O}{\overset{\|}{C}}-C_6H_4-\overset{O}{\overset{\|}{C}}-O-CH_2-CH_2\right]_n} \qquad (9-1)$$

PETは重合体としては、チップの形であるが、100℃程度の温度で数倍に延伸するとポリエステル繊維になる。また、射出成形するとボトルの形にできる。

ペットボトルの約９割は飲料用容器に利用される。調味料・化粧品・医薬品など、ガラス瓶や缶などの一部がペットボトルに置き換えられている。

ペットボトルは保存温度帯（販売温度帯）によって次のように分けられる。１つは、常温や冷蔵時に利用されるごく一般的なペットボトルである。口の部分が透明で耐熱温度は50℃程度である。２つ目は、高温度帯用ホットウォーマーなどで、容器ごと温めることを想定して作られたペットボトルである。口の部分が白で耐熱温度は85℃程度である。高温でも内容物に変化が出にくいように改良されている。PET自体は酸素透過性があり、高温になると内容物が酸化劣化する。高温度帯用の製品では、容器の厚みを増やしたり、酸素遮断層をサンドイッチや内面にDLC（ダイヤモンド・ライク・カーボン）コーティング処理することにより加温時の酸化劣化を防いでいる。缶に比べて熱くなり過ぎず、手で持っても火傷が少ないのが利点である。キャップの色はオレンジ色で、標準温度帯での保存も可能である。3つ目は、冷凍温度帯用ペットボトルで、飲料を容器ごと凍らせて持ち歩くことも考慮されている。冷凍による内容飲料の膨張に耐えられるよう、外装からラベル・キャップ、雑菌などへの対策がされている。冷凍させると氷の体積膨張による変形はあるが破損はしない。キャップの色は水色で、標準温度帯での保存も可能である。

ペットボトルは、射出成形機で試験管状のプリフォームを成形し、プリフォームを延伸ブロー成形機でボトル状に成形する。口部分が白いボトルは、プリフォーム成形後に口部分のみ熱をかけ、PETを結晶化させる。内容物充填時の殺菌時に高温になり、形状が変化するのを防ぐためである。口部分が透明なものは無菌充填用である。

PETの耐熱性は50℃程度で、自動車内に放置すると変形することがある。通常の加熱殺菌には適さないため、限外濾過で無菌化または高温短時間殺菌し、常温充填される。耐熱ボトルの耐熱性は85℃程度であるが、加熱殺菌は可能である。耐寒性は、瓶や缶に比べれば低いが、飲料では問題にならない。内容物の凍結による膨張が問題になる。

口部分が白いボトルは85℃程度の熱湯を入れても変形しないが、口部分が透明なボトルは50℃程度しか持たない。PETは結晶部分と非結晶部分とが共存している。結晶部分の融解温度は260℃で、非結晶部分の融解にあたる温度はガラス転移点とよばれ70℃である。熱湯をPETボトルに入れると70℃以上で非結晶部分はガラス転移点を超えるので変形する。この時ボトル全体が変形するかどうかは結晶部分と非結晶部分との割合で決まる。耐熱ボトルは結晶部分が多いので変形しないが、非結晶部分が多い非耐熱ボトルは変形する。

まとめ　ペットボトルは、ポリエチレンテレフタレート（PET）の容器である。PETは結晶部分と非結晶部分とが共存し、結晶の融解温度は260℃、非結晶の融解に当たる温度は70℃である。熱湯をPETボトルに入れると非結晶部分は70℃を超えるので変形するが、全体が変形するかどうかは結晶と非結晶の割合で決まる。

第5話

ゴムはなぜたくさん伸び縮みするのか？

金属を引っ張って無理に伸ばしてもたいてい数％も伸びると切れてしまう。金属を伸ばすと、伸びの方向に原子の間隔が大きくなる。一方、ゴムの場合は、引っ張ると元の長さの何倍も伸び、放すと縮んで元の状態に戻る。

ゴムは長い鎖状の炭化水素からできている。でも同じ長い鎖状の炭化水素からできているポリエチレン、ポリプロピレンやポリスチレンはゴムのように伸び縮みしない。代表的なゴムである天然ゴム（シスポリイソプレン）、ブタジエンゴム（BR、シスポリブタジエン）、スチレン・ブタジエンゴム（SBR）の化学構造を図９－１に示す。

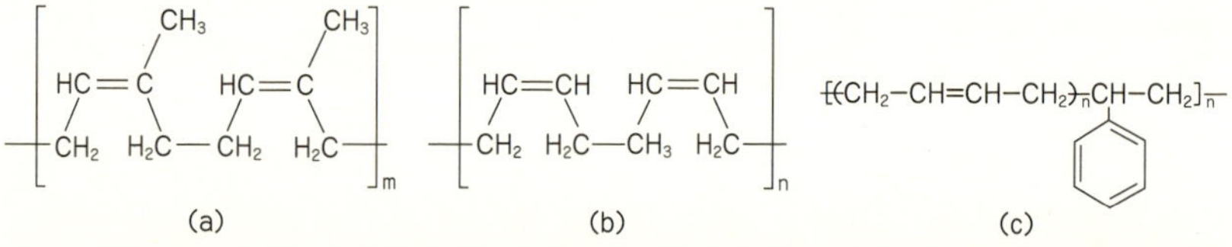

図9－1 (a) 天然ゴム、(b) ブタジエンゴム、(c) スチレン・ブタジエンゴムの分子構造

天然ゴム、ブタジエンゴム、SBRのブタジエン要素も主鎖が炭素４個につき１個の二重結合を持っている。この二重結合の存在がゴムがゴムとしての性質を示すために重要な役割をしている。その第１は、二重結合の周りの成分が回転運動しやすく、高分子鎖全体として分子の屈曲性が大きく、分子運動しやすくなっていることである。第２は、二重結合を利用して架橋反応を行うことができる点である。硫黄を添加して高温にする（加硫）と、二重結合のところで硫黄が橋架け反応する。架橋によって高分子が三次元的にネットワークを作るので弾性が増し強度が強くなる。一方、ポリエチレン、ポリプロピレン、ポリスチレンは高分子鎖の中に二重結合がないので屈曲性が十分ではない。これらの高分子を熱処理すると、何割かの部分が結晶化し、残りが非晶質となる。結晶性部分が固く、非晶質部分が柔らかいプラスチックとしての性質を示すが、ゴムの性質は持たない。

ゴムは高分子鎖の屈曲性が大きく分子運動しやすい。ゴムを室温で放置すると図９－２に示すように毛糸が丸まっているような形（ランダムコイル）をしている。このゴムを横に引っ張るとゴムの高分子が横に伸びる。この時、丸まっていた高分子が伸びるだけなので元の数倍は伸びることができる。次に、引張っていた手を放すとまた元のランダムコイルの形に戻ってゴムは縮む。図９－２では力を抜くと元の状態になるように描かれているが、これは便宜上で、実際にはこれに近い形を取る。元のランダムコイルの形に戻る原動力は高分子の分子運動である。鎖状高分子がランダムに熱運動しているとき、１本の鎖状高分子を観測すると、その両端の距離は短いほど配置の場合の数が多く、伸びきった形は１通りしかない。場合の数が多いということは、その状態が一番実現しやすいということである。それで、自然の状態ではゴムの高分子はランダムコイルの形を取る。

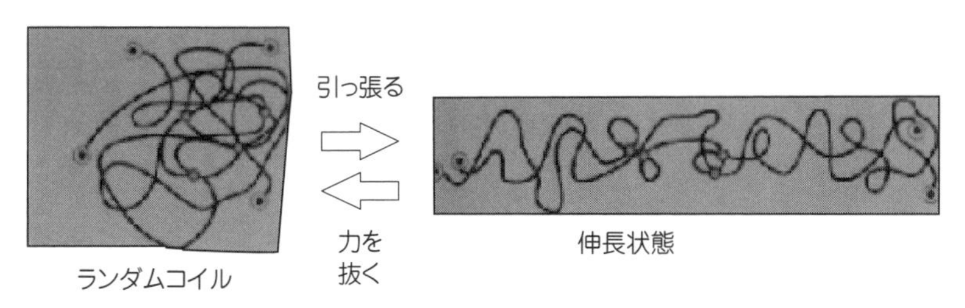

図9−2　ゴムのランダムコイルの形と引っ張りに対する応答

まとめ　ゴムは二重結合を含む長い鎖状の炭化水素からできていて高分子鎖の屈曲性が大きく、分子運動しやすい。ゴムは加硫によって3次元の橋かけ構造を持つので、弾性が強く引っ張っても元に戻りやすい。ゴムを室温で放置するとランダムコイルの形をしているが、引っ張ると直線的に伸び、放すと元のランダムコイルの形に戻る。

第6話

ゴムを急に引っ張るとなぜ発熱するか？

輪ゴムを両手で持って急に引き伸ばし、すぐに唇などの温度に敏感なところにあてると、ほんのり温かくなる。次に、引き伸ばした状態でしばらく保持し、輪ゴムの温度が安定するのを待ち、急に輪ゴムを元の長さまで縮めて唇にあてると冷たくなる。

セラミックスや金属などでは内部の原子は互いに強く引き合っており、引力と斥力が釣り合っている位置、つまりエネルギーの低い位置に落ち着いている。これを加熱すると、原子の振動が激しくなり、自らの占有スペースを押し広げるようになり、全体が膨張する。無理やりに引き伸ばすと、原子が引き離されてエネルギーの高い状態になる。足りないエネルギーはまわりから吸収して、温度は下がる。このエネルギーの高い状態は不安定な状態なので、外からの力を取り除けば、縮んで元の安定な状態に戻ろうとする。引き伸ばす時とは逆に、元に戻る時にはエネルギーが余るので、これが熱として放出されて温度が上がる。これが無機物質の弾性の起源で、エネルギー状態が弾性を支配するのでエネルギー弾性とよばれる。

ゴムを加熱すると激しく運動する結果として分子鎖がランダムコイルの形になり、図9－2のように縮む。次にゴムを引き伸ばすと、ランダムコイルの形になっていた高分子鎖が引き伸ばした方向に並ぶ。規則的に並ばされることで、分子運動のエネルギーが余ってきてそれが外に放出されて温度が上がる。規則的に並ばされると、ゴムの分子としては本当はランダムになっていたいので、元に戻ろうとする力が働く。引き伸ばしたゴムを縮めると、高分子鎖がランダムになろうとして、周りから熱を奪って温度が下がる。

このランダムになろうとする現象がゴムの弾性の起源である。世の中の現象の中で、ランダムの程度を表す尺度を「エントロピー」とよび、エントロピーが大きいほどその状態は安定だという法則がある。ゴムの弾性の起源はエントロピーが大きい状態になろうとすることなのでエントロピー弾性とよばれる。

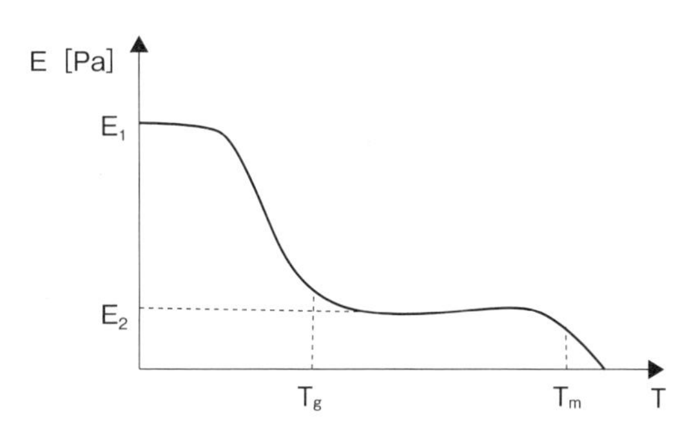

図9−3　ゴム状態となる物質の弾性率Eの温度変化

次に、ゴムがゴムとしての性能を維持できる温度範囲を考える。図９－３にガラス転移点（Tg）と融点（Tm）との間でゴム状態となる物質の弾性率Eの温度変化を示す。

ゴムの弾性率は、低温から高温になるにしたがい、ガラス状態→ゴム状態→液体と変化し、値が小さくなる。ゴムの性質を示すのはガラス転移点（Tg）以上で融点（Tm）以下の温度範囲だけである。低温側のガラス転移点以下では、側鎖がその位置で熱振動を行うだけのガラス状態となる。天然ゴムやSBRではガラス転移点は約－70℃で、ブタジエンゴムでは約－110℃である。ガラス転移点が低いほど分子の運動性が大きい。高温では分子鎖がすべるようになり通常の低分子液体と同様に分子同士の位置が自由に変化して流動性がある。

ガラス状態とゴム状態を実感するために、軟式テニスのボールが使われる。軟式テニスのボールをビーカーに入れた液体窒素（－196℃）につけておくとガラス状態になる。冷えて少し凹んだボールを割り箸でつまんで床に落とすと花瓶が破れるような音がして砕ける。しばらくして砕けた破片を拾い上げると伸縮するゴムの性質が戻ることを確認することができる。

まとめ　ゴムを急に引っ張ると高分子鎖が規則的に並ばされることで、分子運動のエネルギーが余り、外に放出されて熱が発生する。引き伸ばしたゴムを急に縮めると、高分子鎖がランダムになろうとし、周りから熱を奪って温度が下がる。このランダムになろうとする現象がゴムの弾性の起源で、エントロピー弾性とよばれる。

コラム　プラスチックと繊維とゴムは何が違うか？

プラスチック、繊維、ゴムはすべて鎖状高分子からできている。繊維とゴムには天然のものと合成したものとがある。図9－4にプラスチック、繊維、ゴムの分子形態のモデル図を示す。繊維は高分子の鎖が束になって一つの方向に高分子の鎖が束になって配向（応力の方向に揃う現象）して結晶をつくっている。実はゴムやプラスチックをかなり引っ張ると繊維と同様に一部分ではあるが、高分子の鎖が束になって高分子の鎖が束になって配向して結晶をつくることが分かっている。それでは、よけいにプラスチック、繊維、ゴムの区別がつかないと言えるかもしれない。事実、プラスチックと繊維は原料の化学組成が同じでも加工法によってプラスチックにも繊維にもなる。6,6ナイロンは溶融状態かまたは溶液状態から引っ張りあげれば結晶化が起こって繊維になるし、型に入れて加工すればいろいろな形のプラスチックにすることができる。

一方、ゴムは分子の無秩序な運動を最大にするような構造をしているため、結晶化しにくく、わずかな部分しか配向して結晶をつくらない。したがって、ゴムを大きく引っ張ると、比較的小さな力で切れてしまう。

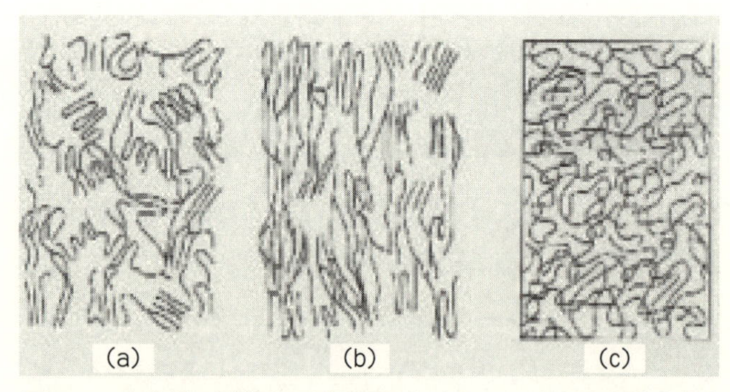

図9－4　高分子の形態のモデル図　(a)プラスチック　(b)繊維　(c)ゴム

第10章

エネルギーと環境

この章では、二酸化炭素が地球温暖化をもたらす理由、PM2.5の発生原因、ヒートアイランド現象の原因について述べる。太陽光発電、風力発電、地熱発電、燃料電池発電、原子力発電の仕組みについて述べる。

第1話

二酸化炭素の増加によって地球がなぜ温暖化するか？

地球温暖化は人間の活動による二酸化炭素などの温室効果ガスが主因であるという説が主流である。

気候変動に関する政府間パネル（IPCC）第３次報告書では、北半球の平均気温は1000～1900年まではほぼ一定だったが、1900年からは、長期的に上昇傾向にあるのは「疑う余地がない」としている。地球温暖化の要因としては、二酸化炭素やメタンの影響が大きいとされている。地球温暖化は、海面上昇、降水量の変化、洪水やかんばつ、酷暑やハリケーンなどの激しい異常気象を増加・増強させたり、生物種の大規模な絶滅の可能性も指摘されている。

これに懐疑的な人たちは北半球の温度変化のデータが実際の過去の記録を反映していないという反論などをし、太陽活動などの自然要因の変化が主因だという主張を展開しているが、少数意見にとどまっている。

過去40万年の二酸化炭素濃度は南極の氷から調べることができる。ある時代に降った雪は空気を含んでいて氷の中に閉ざされるので、氷の中の空気を分析すれば、その時代の空気組成を知ることができる。二酸化炭素の濃度の測定はもちろん、炭素のアイソトープ（同位元素）の比から時代を、水素と酸素それぞれのアイソトープの比からその時代の温度を推定できる。過去40万年間の二酸化炭素濃度の変化は約10万年周期で増減を繰り返しているが、直近の1000年間を見ると1700年以降急激に増加している。これは異常な増加で、主として化石燃料の使用によると考えられている。

太陽エネルギーは地球表面に吸収されるが、それは宇宙空間に放出される。もし地球の大気に温室効果がなかったら、吸収されたエネルギーと放出されたエネルギーとが等しくなり地球の平均気温は簡単な物理法則から約－19℃と計算される。実際には地球の平均気温は約15℃で、これは地球の大気の温室効果による考えられている。なぜ二酸化炭素が温室効果ガスとなるのだろうか。太陽光は紫外線、可視光線、赤外線として地球表面に到達する。そのうち半分程度は反射されるが、あとの半分は海陸面に吸収される。吸収された光は地球上で乱反射を繰り返すために、エネルギーが弱められて（長波長の光である赤外線になり）夜間に宇宙空間に放射される。それでも全体として100入って100出て行けば釣り合うことになり、温室効果はないはずである。

図10－1に夜間における赤外線領域の放射および大気による吸収強度を示す。破線は大気による吸収がない場合の200Kと300Kの放射強度を示す。実線で示すように波長により実際の吸収強度が相当に違う。特に長波長領域（15 μm程度）の赤外線は二酸化炭素の存在により吸収されるのでその分エネルギーが大気圏内に留まることになり温室効果を持つことになる。

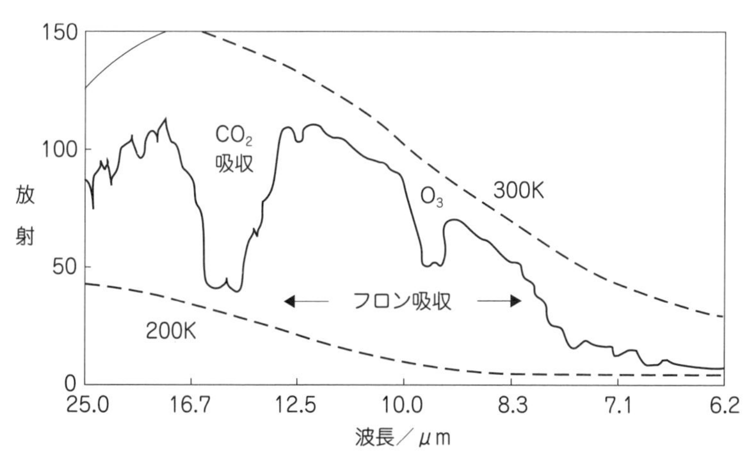

図10－1　地表からの夜間の熱放射赤外線のガスによる吸収

まとめ　気候変動に関する政府間パネル（IPCC）によると、平均気温はほぼ一定だったが1900年からは長期的な上昇傾向にあるとされている。人間の活動による二酸化炭素などの温室効果ガスがその主因だという説が主流となっている。二酸化炭素は一部の赤外線領域の光を吸収し、宇宙空間に向かう赤外線の放射を抑制するので温室効果を持つ。

第2話

ヒートアイランド現象とは？

ヒートアイランド現象とは、都市部の気温がその周辺の郊外部に比べて高くなる現象である。東京の過去100年の気温上昇が約３℃で中小都市に比べて平均約１℃高い。ニューヨークやパリは100年あたり約２℃、ベルリンは約2.5℃高い。これらは、地球温暖化の影響もあるが、ヒートアイランド現象の寄与が大きいと考えられる。

気温の上がり方は夏や昼間よりも冬場や夜間の方が大きいことが特徴である。夏の最高気温は１～２℃の上昇であるが、夏の最低気温は２～４℃上昇し、夜間の涼しさが弱くなり、真夏日よりも熱帯夜の増加が著しい。どの都市でも、夏季よりも冬季の方が差が大きく現れ、特に高緯度の寒冷地では顕著である。

また、風上にある都市のヒートアイランドの影響を受けて、周辺の郊外部や内陸部に高温化がおよんでいる。典型的な例として、海陸風が内陸におよぶ関東平野や濃尾平野が挙げられる。熊谷市、前橋市、岐阜市では夏の最高気温が２～３℃上昇し、上昇幅は東京や名古屋と同程度以上である。

ヒートアイランド現象の主な影響として、熱中症の危険性増大、睡眠の質の低下、冷房使用によるエネルギー消費の増加、光化学オキシダントや粒子状物質の生成など大気汚染の増加、桜の開花の早期化など生物季節の変化、越冬害虫の増加、水棲生物への影響、集中豪雨化などが挙げられている。

ヒートアイランド現象の主な原因として、地表の被覆の人工物化、人工排熱の増加、都市の高密度化が挙げられている。関東地方における要因別のヒートアイランドへの寄与度を推定した気象庁の都市気候モデルのシミュレーションでは、土地利用の変化が＋２℃程度、建築物の効果が+1℃程度とそれぞれ大きな割合を占めるが、排熱による効果は局所的という結果が出ている。

もともと土や植物で覆われていたところに建物ができたり、道路として舗装

表10-1　ヒートアイランド現象の原因と対策

原因	道路のアスファルト化、鉄筋コンクリート建築物の増加、人工排熱の増加、都市の高密度化、自動車の排気ガス
対策	屋上庭園、壁面緑化、街路樹、住宅敷地内の緑化、公園の整備、建築物への断熱材設置、遮熱塗装、高断熱ガラスの設置、保水性舗装、遮熱性舗装、エコカーの採用

されたりすると、熱特性が変わる。植物は蒸散によって熱を放出するため日射を抑えるが、人工物化によりこれが失われる。また、人工物化により光の乱反射が増加する一方反射率が低下し、赤外線の放射を通して大気を温める。特に、アスファルトやコンクリートは、土に比べて体積あたりの熱容量が大きいため、昼間に熱を蓄えて夜間に放出することで夜の気温上昇を招く。また、自動車の排気ガスの熱が温度上昇をもたらす。

ヒートアイランド現象の緩和策として、太陽光の吸収を減らす、排熱を減らす、冷却効果を高める方法が採られている。屋上緑化、屋上庭園、壁面緑化など建築物の緑化、街路樹などによる緑化、住宅敷地内の緑化、公園の保全や整備、建築物への断熱材設置や遮熱塗装、高断熱ガラスの設置などによる建築物の断熱化、保水性素材の採用などによる建築物外部の保水化、外壁、屋根、構造物表面などの淡色化による反射率対策、保水性舗装・遮熱性舗装の採用など道路舗装の対策、OA機器や家電機器の高効率化・空調設備や熱源設備の高効率化など排熱の抑制、エコカーの採用、公共交通機関への移行やモーダルシフトなど交通・輸送対策、水辺の整備、水上や郊外から涼しい空気が都心に流れやすいようにする「風の道」や「水の道」の確保、打ち水やミスト散布などの散水などがある。

まとめ　ヒートアイランド現象とは、都市部の気温がその周辺の郊外部に比べて高くなる現象である。その原因として、地表の被覆の人工物化、人工排熱の増加、都市の高密度化などが挙げられている。夏季は熱中症の増加や不快さの増大、冬季は感染症を媒介する越冬生物の増加などがあり問題視されている。

第3話
大気中に浮遊する粒子状物質はなぜ発生するか？

粒子状物質とは、大気汚染物質でマイクロメートル（μm）の大きさの固体や液体の微粒子のことをいう。粒子の大きさを直接測定することが困難なので、ある粒径分布を持った粒子群が50%の捕集効率で分粒装置を通過する微粒子である。PM2.5は、粒子径2.5μmで50%の捕集効率を持つフィルターを通して採集された粒子径2.5μm以下の微粒子の集合である。

直接大気中に放出される微粒子を一次生成粒子という。粗大粒子が多く、滞空時間は数分から数時間で、数十kmを移動する。煤煙、粉塵、土壌粒子、海塩粒子 、タイヤ摩耗粉塵、花粉、カビの胞子などである。

気体として放出されたものが、大気中で生成される微粒子を二次生成粒子という。より細かい粒子が多く、滞空時間は数日から数週間で、数百～数千kmを移動する。硫酸塩、硝酸塩 、アンモニウム塩、有機化合物、金属や水を含む。二次生成粒子は、化学反応、核生成、凝縮、凝固、水滴への溶解、析出によって生成される。発生源は、石炭、石油、木材の燃焼、原材料の熱処理、金属製錬、ディーゼルエンジンの排ガスなどである。

呼吸を通して微粒子を吸い込んだ時、鼻、喉、気管支、肺など呼吸器に沈着して健康被害が起こる。粒子径が小さいほど、肺の奥まで達して沈着する可能性が高い。図10－2にPM2.5の発生と健康被害に至る経路を示す。

世界保健機関（WHO）は、粒子状物質を含む大気質指針を定めている。それによると、PM10は24時間平均50μg/m^3、年平均20μg/m^3、PM2.5は24時間平均25μg/m^3、年平均10μg/m^{3}である。これが理想であるが、これより数倍ゆるい暫定目標を示し、各国の状況に応じた独自の基準を認めている。

日本の基準は、SPMが１日平均値100μg/m^{3}以下、１時間値が200μg/m^{3}以下、PM2.5が１年平均値15μg/m^{3}以下、１日平均値35μg/m^{3}以下である。基準を上回る状態が予想されると、大気汚染注意報を発表して排出規制や呼びかけが行われる。自動車NOx・PM法でも三大都市圏で一部の自動車に排ガス規制がされている。高度成長期以降バブル期までは、汚染が悪化の一途をたどった。2003年から、首都圏で条例により基準を満たさないディーゼル車の走行規制が始まり、SPMの環境基準達成率が大きく向上した。

中国の粒子状物質濃度は経済発展などにより、1990年頃にはすでに深刻なレベルに達していた。中国では北京などの華北を中心として暖房用燃料の使用が増える冬季に汚染が悪化する。2013年1月の激しい汚染は3週間も継続し、呼吸器疾患患者が増加し、工場の操業停止や道路・空港の閉鎖などが生じた。北京市内の多くの地点で環境基準（日平均値75 $\mu g/m^3$）の10倍に近い700 $\mu g/m^3$を超えた。この汚染は他国にも報じられ、韓国や日本への越境汚染が懸念される事態となった。PM10やPM2.5の濃度上昇の原因は、石炭の燃焼による排気成分や、自動車排気、煤煙などと分析されている。

先進国の一部地域ではWHO指針値に近いレベルまで削減している一方、途上国では家庭での薪の使用に加えて都市部で自動車の排気ガスによる汚染が深刻化し、1990～1995年の時点で途上国の年平均濃度は先進国の3.5倍である。

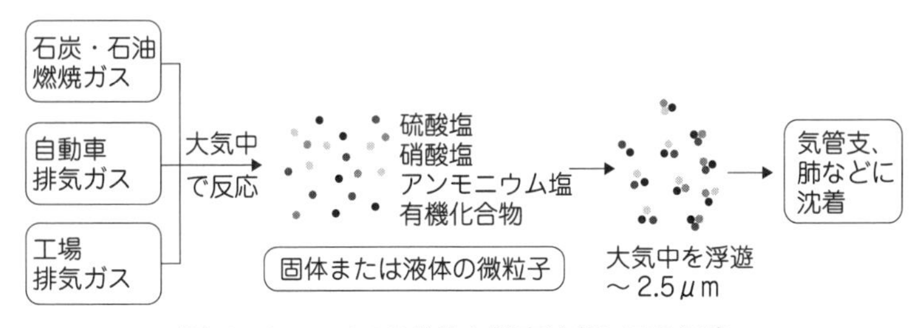

図10-2　PM2.5の発生と健康被害に至る経路

まとめ　粒子状物質は、μmの大きさの固体や液体の微粒子で大気汚染物質で、人の呼吸器系に沈着して健康被害を及ぼす。粒子の大きさが小さいほど健康被害が大きい。発生源は、石炭や石油、木材の燃焼ガス、自動車などのディーゼルエンジンの排ガスが主である。日本では首都圏などで一時大気汚染が悪化したが、ディーゼル車規制により改善された。

第4話

火力発電の環境への影響は？

火力発電の種類には、汽力発電、内燃発電、ガスタービン発電、コンバインドサイクル発電がある。汽力発電は、ボイラーなどでLNG、石油、石炭などを燃焼して発生した蒸気によって蒸気タービンを回して発電する方式で、火力発電の中で主力となっている方式である。内燃発電は、ディーゼルエンジンなどの内燃機関で発電する方式で、始動性が良く非常用電源、携帯用電源、電源車、離島の小規模発電などとして用いられる。ガスタービン発電は、高温の燃焼ガスのエネルギーによってガスタービンを回す方式である。コンバインドサイクル発電は、ガスタービンと蒸気タービンを組み合わせてエネルギーを効率よく利用する方式である。発電効率が良いので環境面からも注目されている。火力発電は水蒸気を冷却して水に戻す復水器に大量の冷却水に海水を利用することが多いので、海岸近くに立地されることが多い。

LNGは、気体の天然ガスを－162℃に冷却、液化したものである。ヨーロッパでは地続きのロシアからガスをパイプラインで輸送することができるが、日本は周囲が海であるため液化天然ガス、LNGを船で運ぶ必要がある。

LNGを発電用の燃料として使うときの反応式は

$$CH_4 + 2O_2 \rightarrow CO_2 + 2H_2O \qquad (10-1)$$

と表すことができる。ここでは、メタン1分子当たり二酸化炭素1分子、水蒸気2分子生成することになる。水蒸気は環境に対して悪影響を与えないが、二酸化炭素は温室効果ガスとして排出削減が求められている。火力発電の燃料の石炭や石油もLNGと同じ炭化水素が主成分である。燃焼時の二酸化炭素排出量は燃料中の水素と炭素の比で決まるが、LNGは最もその比が大きく、化石燃料としては環境に優しい燃料である。

さらに、燃焼したときの硫黄酸化物（SOx）、窒素酸化物（NOx）が有害なので問題となる。LNGは原料に硫黄や窒素の成分を含んでいるが、液化する過程で不純物が取り除かれる。ただ、メタンそのものは二酸化炭素よりも温室効果が大きい物質であるので環境に出ないように注意しなければならない。

石炭は化石燃料の中で最も採掘可能な埋蔵量が多く、安価な燃料である。また、石油や天然ガスのように資源の偏在性も少なく、石炭の生産国は世界中に多数存在する。しかし、石炭中の炭素含有量が相対的に多いので二酸化炭素排出量が他の燃料に比べて多く、SOxやNOx、ばいじんなどの環境負荷物質を多く含むという欠点がある。ただ、日本では石炭火力発電所の公害防止に長く取り組んできた経緯もあって発電ワット数当たりの排出量が世界でも最も低いレベルになっている。

石油は貯蔵や運搬がLNGや石炭と比べて容易である。また、調達の柔軟性にも優れている。一方、燃料価格は石炭やLNGと比べてかなり割高になってきているので、石油火力がかなり減ってきている。環境への負荷は石炭よりは勝るもののLNGに比べて劣る。

化石燃料を燃やした際の二酸化炭素の発生量は、1kWhの発電に対して石炭の場合が975g、石油で742g、LNGで608gというデータがある。地球環境の視点からは石炭を使いたくないが、必ずしもそういえない事情がある。

資源的に見ると、石油の採掘可能年数が40年、LNGが60年、石炭は110年といわれていて、石炭火力は最もコストが安く、現在エネルギー消費の世界1位の中国が約73%、2位のアメリカが約40%を石炭火力に頼っている。発電kWh当たりの効率は、日本は世界のトップで42%程度、アメリカが37%程度、中国は32%程度である。

まとめ　石炭、石油、LNGを火力発電の燃料として使った場合、二酸化炭素の発生量は、石炭が最も多く、次いで石油、LNGの順となる。石炭はSOxやNOx、ばいじんなどの発生も多く、地球環境の視点からは石炭を使うべきではない。しかし、石炭は採掘可能量が最も多く、コストも安いので世界で多く使われているが、環境保全対策も重要である。

第5話 太陽光発電の仕組みは？

太陽光発電は、太陽光線をシリコンなどの半導体で構成した太陽電池に吸収させ、光エネルギーを直接電気エネルギーとして取り出すシステムである。

太陽電池の原理をシリコン半導体の場合を図10-3に示す。太陽電池は、光が当たると負の電荷が発生するN型半導体と正の電荷が発生するP型半導体とを接合して電極を取り付けたものである。太陽電池に光が当たると、プラス側の電極とマイナス側の電極との間に電圧が発生する。図10-3の負荷と書いてあるところに電球などを取り付けると、電流が流れるという仕組みである。

図10-3で示した太陽電池の単体の素子はセル（cell）とよばれる。発電パネルは、セル、モジュール、アレイから構成される。1つのセルの出力電圧は通常0.5～1.0Vである。セルを直列接続し、樹脂や強化ガラス、金属枠で保護したものをモジュールまたはパネルとよぶ。モジュール化により取り扱いや設置が容易になり、湿気や汚れ、紫外線や応力からセルを保護する。モジュールの重量は通常、屋根瓦の1/4程度である。モジュールを複数枚数並べて直列接続

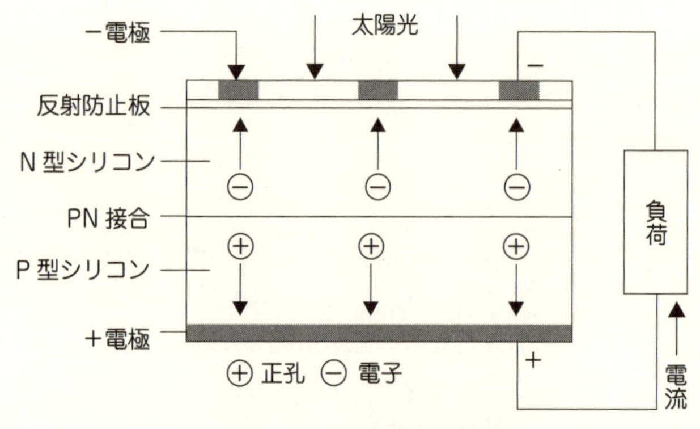

図10-3 太陽電池の原理

したものをさらに並列接続したものをアレイとよぶ。

太陽光発電モジュールで発電された電気は直流なので、家庭用に用いるためにパワーコンディショナで通常100Vの交流電圧に変換される。交流電源は分電盤を通して家庭用に使われるが、余った場合は電力会社に逆送し買い取ってもらう。夜間など発電が需要に満たない場合は、電力会社の電気を使う。

太陽光発電システムには大部分の製品が稼働できると推測される期待寿命と、メーカーが性能を保証する保証期間がある。屋外用大型モジュールの場合、期待寿命は20～30年と考えられている。太陽光発電は大きな設置面積を必要とするものの、設置場所を選ばない。日本においても、導入可能な設備量は100～200GWp（ピーク時発電ワット数）程度とされ、その発電量は日本の年間総発電量の10～20%に相当する。

太陽光発電は設備の製造時などに際してある程度の温暖化ガスの排出を伴うが、運転中はまったく排出しない。

太陽光発電の効率は、現在主力のシリコン系ではモジュールベースで16％程度（単セルでは25％程度）である。この効率の大幅な引き上げが必要であるが、シリコンは可視光線の中の１波長の光しか利用できず、原理的に30％以上の効率にはできない。これを25％程度にする開発が進行している。さらに、効率を50％以上にする可能性のある方式の開発がいくつか進行している。例えば、モノリシック構造多接合では、III-V族化合物半導体を用いた複数の層を垂直方向に接合することで、可視光線の中の全波長領域および近紫外と近赤外領域を利用して変換効率を高める技術である。

太陽光発電装置は導入時の初期費用が高額となるが、性能向上と低価格化や施工技術の普及も進み、世界的に需要が拡大している。

まとめ　太陽光発電は、太陽光をシリコンなどの半導体の太陽電池に吸収させ、光エネルギーを電気エネルギーとして取り出すシステムである。太陽電池の単体の素子セルの出力電圧は1V以下だが、複数のセルを直列接続してモジュール化し、モジュールを複数枚直列接続したものを並列接続して高電圧・高電流を得、通常100Vの交流電圧に変換される。

第6話

風力発電の仕組みと環境への影響は？

風力発電は風の力を利用した発電方式である。風がブレードとよばれる羽の部分に当たると、ブレードが回転し動力伝達軸を通じてナセルとよばれる装置の中に伝わる。ナセルでは、増速機という機械がギアを使って回転速度を速める。その回転を発電機で電気に変換する。

風力発電は世界的に大規模な実用化が進んでおり、2010年は世界の電力需要量の2.3%、2020年には4.5～11.5%に達するといわれている。2010年末の風力発電の累計導入量は194 GWに達し、中国が42GW、アメリカ、ドイツ、スペインと続いている。日本では、まだ2.4GWと世界で18番目と大きく出遅れている。欧州での導入が先行し、最近中国などのアジアで伸びが顕著である。政策的には、欧州のほとんどの国が固定価格買い取り制度とよばれる制度を軸として普及を進めている。最も進んでいるデンマークでは既に国全体の電力の２割以上が風力発電によって賄われ、2025年には５割以上に増やすとしている。日本での陸上での導入量としては、2050年までに25GWの導入シナリオがある。洋上発電まで考慮すれば、合計81GW程度まで利用可能といわれている。

風力発電の出力は風を受ける面積に比例し、風速の３乗に比例する。したがって、風の強い所での立地が望まれるが、風が強すぎると風車が壊れる。上空ほど風が強いので丘などに立地される。2000kW発電用の風車の場合、ローターの直径が70m、高さが120mになる。風力発電は燃料を使わないので環境に優しく、小規模分散型の電源であるため、離島などの地域の電源として活用でき、事故や災害などの影響を最小限に抑え、修理やメンテナンスに要する期間を短くできる長所がある。短所は、出力電力の不安定・不確実性と、低周波振動や騒音による健康被害など周辺の環境への悪影響の問題がある。風車のブレードに鳥が巻き込まれて死傷する問題や景観が威圧的で観光客が減少する可能性が指摘されている。逆に、風力発電所を小高い丘に建設し、隣接して公園、レストランなどを建設して、多角的な地域活性化施設として成功している例もある。落雷、地震、強風などで風車が故障する場合がある。2003年９月の台風では、宮古島にあった７基の風力発電機が壊滅した。最大瞬間風速が秒速74mに達し、国際規格の最高の規定値（秒速70m）を超えたためである。

日本国内での風力発電（出力10kW以上）の累計導入量は2007年３月時点で約1400基、総設備容量は約168万kWである。１基あたりの出力では、2007年度では設備容量１MW以上の機種が大部分を占める。風力発電の立地には、台風などの被害が少ないが一定の風力が見込める地域、特に北海道や東北などが適している。ただ、北海道などには風力発電の立地に適した場所が多いが、そうした場所は住民が少なく送電の費用が多くかかるという問題点がある。

陸上の風力発電の問題点を克服するために、洋上風力発電が登場した。洋上では風向きや風力が安定しているので、安定した風力発電が可能となり、立地確保、景観、騒音の問題も緩和できる。 水深が浅い海域において海底に基礎を建て、大規模な洋上発電所を建設する例が各国で見られる。デンマークを中心に建設が進み、近年になって欧州全域に広がっている。水深が深い場所のために、浮体式の基礎を用いる方式も検討中である。浮体式洋上風力発電を実用化するため、環境省は日本初の実証実験を長崎県五島市の椛島沖で計画している。まず、100kW以下の試験機を設置して各種の調査を行い、２MW級の実証機の開発を目指している。年平均風速は秒速7.0m（高度70m）で、十分な事業可能性があるとされている。

現時点でも、風力発電は100kWクラス以上であれば、火力発電などと比較したコストが同程度で、今後さらにコスト的に優位になる可能性がある。

まとめ　風力発電は風によりブレードが回転し動力伝達軸を通じて発電機で電気に変換する。 出力は風速の3乗に比例するが、風が強すぎると風車が壊れる。燃料を使わないので環境に優しく小規模分散型の電源である。一方、出力電力の不安定・不確実性と、低周波振動や騒音による健康被害など周辺の環境への悪影響の問題がある。

第7話

地熱発電の仕組みと環境への影響は？

地熱発電は、地熱による天然の水蒸気をボーリングによって取り出し、蒸気タービンを回して電気を得る。地熱発電は、探査や開発に比較的長期間を要するリスクがある。しかし、出力が不安定な太陽光発電や風力発電とは違い、地熱発電は安定して発電できる特長がある。

地熱地帯では地下数kmに約1000℃のマグマ溜りがある。地中に浸透した雨水がマグマ溜りで加熱されて、地熱貯留層を形成する。地熱流体をボーリングによって噴出させ、高温・高圧水蒸気を得て、蒸気タービンを回し発電する。

地熱発電では、ドライスチーム、フラッシュサイクル、バイナリーサイクルの３つの方式がある。ドライスチーム方式では、蒸気井から得られた蒸気がほとんど熱水を含まない場合で、簡単な湿分除去を行うだけで蒸気タービンに送って発電できる。松川地熱発電所や八丈島発電所などがある。フラッシュサイクル方式では、蒸気に多くの熱水が含まれるため、蒸気タービンに送る前に汽水分離器で蒸気のみを取り出す。これが、日本では主流の方式である。バイナリーサイクル方式は、地下の温度や圧力が低く100℃以下の熱水しか得られない場合で、ペンタンなど水よりも低沸点の媒体を熱水で沸騰させタービンを回して発電する。地熱流体から熱だけを利用して流体は地下に還流するため、地下貯留層への影響が少ない。発電設備１基の能力は2000kWで、コンビニ程度の敷地内に発電設備が設置できる。図10－４に地熱発電の仕組みを示す。

地熱発電では、発電量当たりの二酸化炭素排出量が小さいのが特徴で、原子力発電の排出量20g/kWhに比べても13g/kWhと少ない。地熱発電は、原理的に燃料を使用せず、天候や昼夜を問わず安定した発電ができるのが強みである。長期間の運転が可能でかつ事故の危険性も少ないとされている。

地熱発電では、温泉が出なくなるとの懸念から温泉地での反対運動が起こることがある。温泉発電は、高温すぎる温泉（例えば70～120℃）の熱を50℃程度に下げる際、余剰の熱エネルギーを利用して発電する方式である。熱交換にはバイナリーサイクル式が採用され、熱媒体にペンタンなどが使われる。発電能力は小さいが、占有面積が小さく熱水の熱交換を利用するだけなので、既存の温泉の湯温調節設備として利用すれば、源泉の枯渇、有毒物による汚染、熱汚染などの問題がない。地熱発電ができない温泉地でも適応できる。

地熱発電のコストは近年になって費用対効果も向上しており、火力や原子力と十分競争可能となってきている。地熱発電推進のネックの一つが、地熱発電の候補地の多くが国立公園や国定公園内にあることである。福島第一原発事故により代替エネルギー開発が喫緊の課題となったことを受け、国立公園・国定公園の中でも環境保全が特に必要な特別地区での開発は認めないが、それ以外の地区では、地域外から地下に掘り進む「斜め掘り」など景観や生態系保護に配慮することを条件に、地熱資源利用を認めるとのことである。

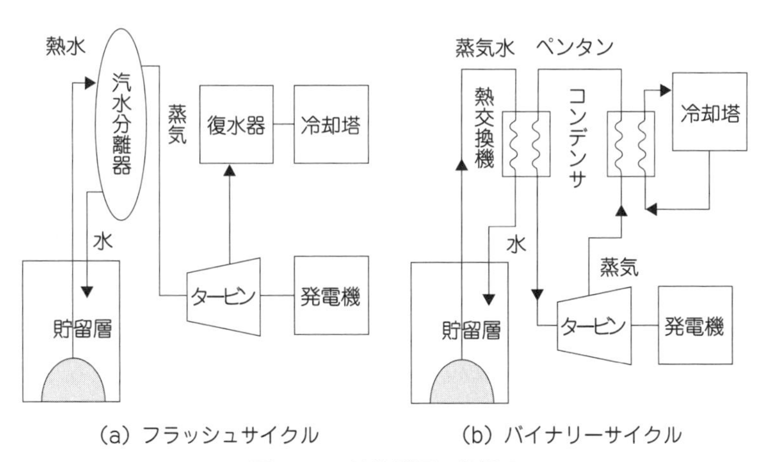

図10-4　地熱発電の仕組み

まとめ　地熱発電は、地熱による天然の水蒸気をボーリングによって取り出し、蒸気タービンを回して電気を得る方法である。蒸気を直接用いる場合と、低沸点の媒体を熱水で沸騰させる方法などがある。地熱発電は探査や開発に比較的長期間を要するが、安定なベースロード電源として利用可能である。

バイオマスとは？

バイオマスとは、ある空間に存在する生物、特に植物の量を、物質の量として表現したもので、生物由来の資源を指すこともある。バイオマスは有機物であるため、燃焼させると二酸化炭素が排出される。しかし、これに含まれる炭素はそのバイオマスが成長過程で光合成により大気中から吸収した二酸化炭素に由来する。そのため、バイオマスを燃焼させても全体としては二酸化炭素量を増加させていないと考えられるので、カーボンニュートラルとよぶ。

日本では、地方自治体や環境保護団体などがバイオマスに注目している。そもそも日本では、落葉や家畜の糞尿を肥料として利用していたし、里山から得られる薪炭がエネルギーとして活用されてきた。近年、各電力会社が火力発電所での石炭と間伐材などとの混焼を進めている。バイオマスの分類を表10－2に示す。農林水産業からの畜産廃棄物、木材、藁、籾殻、工芸作物などの有機物や生分解性プラスチックなどの生産、食品産業から発生する廃棄物、副産物の活用を進めている。

家畜の糞尿などからのメタンの精製（バイオガス）、生物起源の可燃廃棄物などの利用、下水汚泥・木質・食品残渣・茶かす・わら屑などの燃焼ガスへの利用、木質バイオマス発電、製紙パルプ製造工程での黒液のバイオマス発電、

表10－2　バイオマスの分類

廃棄物系	農林水産系	農業	稲藁、麦藁、籾殻
		畜産	家畜糞尿
		林業	間伐材、被害木、おが屑
	廃棄物	産業	下水汚泥、建築廃材、黒液、食品廃材
		生活	生ゴミ、廃油
栽培作物系	サトウキビ、トウモロコシ、小麦、イネ、海藻		

木質バイオマスのガス化による水素、合成ガス、メタノールの生成などが考えられている。

バイオマス燃料の一つがバイオエタノールである。植物由来の資源を発酵させて抽出するエタノールで、原料はサトウキビ、トウモロコシが有名であるが、イネ、木質廃材、廃食用油なども利用される。イネを使う場合であるが、イネの休耕田と耕作放棄地に多収米を栽培してバイオエタノールにすれば休耕田の有効利用にもなるし、バイオ燃料の増産にもなる。バイオエタノールは、ガソリンと混ぜて混合燃料として用いるのが一般的である。バイオエタノールの自動車燃料としての混合率は、日本では２%、アメリカでは10%、ブラジルでは25%が上限となっている。バイオエタノール混合燃料の原料となるサトウキビ、トウモロコシ、小麦などは食料源でもあり家畜の飼料でもある。それらの食料源を大量にバイオエタノールの原料として使ったために、世界的に食料の価格が急上昇するという問題が発生した。自動車燃料化などの課題としては、収集コスト、発生熱量、食料とのトレードオフ、耕地の確保、加工コストなどがある。バイオマス関連市場は、2010年の約300億円から10年後には2600億円に増えるとの試算がある。政府は、バイオマスを総合的に有効利用するシステムを構想し、実現に向けて取り組む市町村を「バイオマスタウン」と命名し、2011年４月現在318地区を指定した。また、東日本大震災によって生じた瓦礫（主に木材）を燃料に使う「木質バイオマス発電」の普及に乗り出している。森林バイオマスでも、ヤナギやポプラなど成長の早い植物を植え、これを刈り取って燃料にする試みも始まっている。

まとめ　バイオマスとは、ある空間に存在する生物の量を、物質の量として表現したもので、生物由来の資源を指すこともある。家畜の糞尿、生物起源の可燃廃棄物、下水汚泥・木質・食品残渣・茶かす・わら屑などの燃焼ガスの利用、木質バイオマス発電、製紙パルプの黒液のバイオマス発電、木質バイオマスのガス化、メタノールの生成などが開発途上にある。

第9話

燃料電池発電の仕組みは？

燃料電池は水素や天然ガスなどを燃料として空気中の酸素と反応させて水蒸気を生成させ、その時に発生する電気を得る装置である。燃料電池は水素などを補充し続けることで、永続的に発電を行うことができる。

燃料電池発電を商品化した例として、ガス会社が天然ガスを燃料とする家庭用のエネファームがある。出力は0.25～0.75kWで、まだ価格が高い。燃料電池発電は家庭用に普及し始めているが、原理的には単電池セルをいくつも積み重ねれば高電圧高電流を取り出せるので、中規模や大規模の発電もできる。

燃料電池において、水素を反応させ電気を取り出す仕組みの例を図10-5に示す。燃料極では、水素がH^+として溶け込み、e^-は発生した電子で導線を通って空気極側に移動する。水素イオンは電解質の中を通って空気極側に移動する。空気極では空気中の酸素が導線を通ってきた電子を受け取ってO^{2-}として溶け込み、O^{2-}が電解質の中を移動してきたH^+と反応して水が生成する。

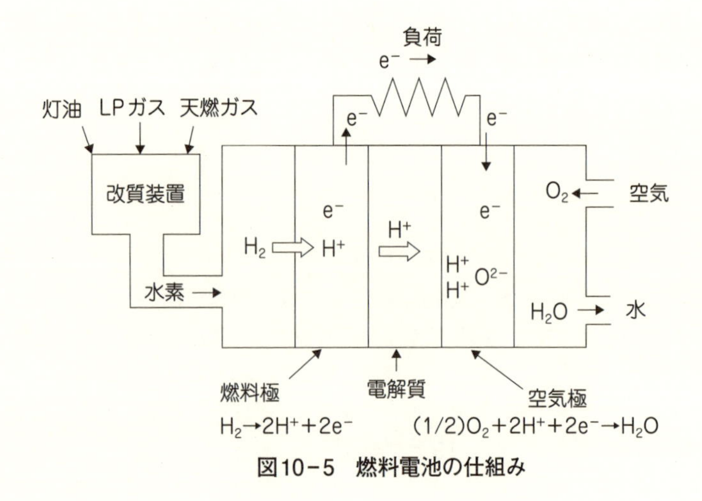

図10-5　燃料電池の仕組み

全体としては、水素を酸化して水を生成する反応が進行し、水の電気分解の逆の反応である。燃料には水素だけでなく、天然ガス（都市ガス）、プロパンガス（LPガス）、灯油などを用いることができる。その場合には、図10－5にあるように、改質装置を通して二酸化炭素と水素を得て、水素だけを燃料極に導入する。

燃料電池は、用いる電解質の種類により、高分子型（PEFC）、リン酸塩型（PAFC）、溶融炭酸塩型（MCFC）、固体電解質型（SOFC）がある。運転温度が、高分子型で80～100℃、リン酸塩型で190～200℃、溶融炭酸塩型で600～700℃、固体電解質型で800～1000℃で、温度が高いほど発電効率は高い。溶融炭酸塩型と固体電解質型では、作動温度が高いので、廃熱を利用してさらに蒸気タービンを回して複合発電し、総合発電効率をさらに高く（80%以上）できる。燃料電池発電では、システム規模の大小にあまり影響されず、騒音や振動も少ない。燃料電池による発電は、ノートパソコン、携帯電話などの携帯機器から、自動車、鉄道、民生用・産業用コジェネレーション発電所に至るまで多様な用途・規模をカバーするエネルギー源として期待されている。

高分子型は、イオン交換膜を挟んで正極に酸化剤を、負極に燃料を供給して発電する。起動が早く運転温度が低く、実用化が最も進んでいるが、発電効率が低いため、小型用となっている。白金触媒の使用量を減らすこと、電解質のフッ素系イオン交換樹脂の耐久性とコストの低下が今後の課題である。

固体酸化物型は動作温度が800～1,000℃なので、起動・停止時間が長く、高耐熱材料が必要となる。電解質として、酸素イオンの伝導性が高い安定化ジルコニアなどのイオン伝導性セラミックスを用いる。

将来、電力のスマートグリッド化が実現した場合、燃料電池発電は分散型電源として風力発電や太陽光発電の不安定な面を補う作用が期待できる。

まとめ　燃料電池は水素や天然ガスなどを燃料として空気中の酸素と反応させる発電装置である。高分子型、リン酸塩型、溶融炭酸塩型、固体電解質型の型がある。ノートパソコン、携帯電話などの携帯機器から、自動車、鉄道、民生用・産業用コジェネレーション発電に至るまで多様な用途と規模をカバーするエネルギー源と期待されている。

第10話

原子力発電の仕組みは？

日本の原発は、火力発電と同じ原理で水を加熱し発生する水蒸気でタービンを回して発電している。火力発電では化石燃料を使うが、原発では核燃料（酸化ウラン）を使う点が違う。天然に存在するウランには、核分裂するウラン235（質量数）が約0.7%含まれ、残りは核分裂をしないウラン238である。原発に用いられるウラン燃料は、核分裂するウラン235の割合を3～4.5%まで濃縮している。そうしないと核反応が継続して起こらないからである。

ウラン235に中性子が衝突すると、ウラン236が生成する。ウラン236は非常に不安定な核なのでいろいろな核分裂反応が起き、様々な核種が生成する。放射能の観点から特に重要な核種は、ヨウ素131とセシウム137である。

また、核分裂反応の結果生成する中性子が核燃料中に95%以上含まれるウラン238に衝突してウラン239が生成し、ベータ崩壊を繰り返して、プルトニウム239に変わる。こうして生成されたプルトニウム239は、核分裂を起こして熱エネルギーを発生する。ウラン燃料を用いる原発においてもウラン235の核分裂だけでなく、プルトニウム239の核分裂も発電に寄与している。原発による発電量の約3割はプルトニウム239の核分裂による。

日本の原発のほとんどが沸騰水型（BWR）か加圧水型（PWR）で、いずれも軽水つまり普通の水を使っているので軽水炉とよばれている。水は炉心を冷却する作用と中性子を減速する作用（核分裂を促す作用）とを持っている。中性子の減速作用は、核反応を継続して起こす。

原子炉の出力制御のためには原子炉内の中性子数を調整する。停止状態の原子炉では中性子を吸収する制御棒を挿入し、臨界にならないようにしている。原子炉の起動時は、制御棒を徐々に引き抜くことで炉内の中性子数を増加させ、臨界から定格出力になるまで反応度を上げて行く。緊急時には制御棒はすべて挿入して、原子炉を停止させる。

沸騰水型原子炉の仕組みを図10－6に示す。ウラン燃料の燃料棒はジルコニウム合金製の被覆管に収められ、それが60本程度束ねられたものが燃料集合体である。原子炉の中核には圧力容器とよばれる鋼鉄製の器があり、その中心は炉心とよばれている。炉心には、数百の燃料集合体が垂直方向に横から支える形で置かれている。数百の燃料集合体は圧力容器の中で全体が水に浸かっている。運転中の時は、核分裂によって生成した熱によって燃料集合体と接する水が沸騰する。圧力容器は、注水口と蒸気口とよばれる２つの管でタービンと結ばれている。注水口からは圧力容器に280℃よりやや低い温度の水が注がれ、蒸気口からは圧力容器に280℃よりやや高い温度の蒸気がタービンに送られ、発電する。この水の循環は冷却系とよばれている。温水として海に捨てられる廃熱は核反応によって生成する熱量の約2/3で、原発の発電効率は33％程度である。

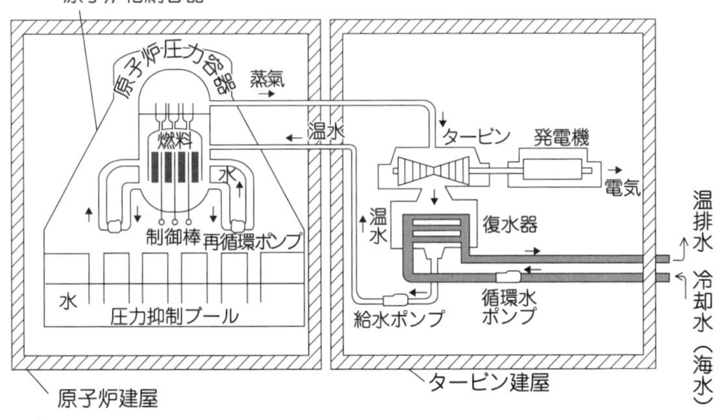

図10－6　沸騰水型原子炉の仕組み（原子力安全協会HPを改変）

まとめ　日本の原発は、火力発電と同じ原理で水蒸気を発生させタービンを回して発電している。ウラン燃料に中性子を当てて核分裂を起こし、発生する熱を利用する。核燃料集合体は原子炉の中の圧力容器の中で水に浸かっていて運転中は水が沸騰する。タービンは、注水口と蒸気口を通して圧力容器と結ばれ、蒸気の供給を受けて発電する。

コラム　水素利用社会とは？

水素利用社会とは何のことかと思う人が多いかもしれない。それは当然で、現在は化石燃料利用社会である。天然ガスと石油の可採年数が数十年で、その後には天然ガスと石油の値段が大きく上がることを意味する。さらに、化石燃料の大量使用は地球温暖化などの悪影響が深刻になる。

太陽光発電、風力発電は天候によって発電量が左右されやすく、変化する電力需給に応えるのが困難である。太陽光発電や風力発電の電力を使って水の電気分解を行い、得られる水素を貯蔵すれば必要なところでエネルギーを使える。燃料電池を用いた大規模な複合発電用として、家庭用、病院、事務所などでの小型電源の燃料として、貯蔵した水素を供給できる。

水素の製造元と需要者との間には、有機ハイドライドを用いた貯蔵・運搬システムが有望で、既存の石油インフラを使える。水素の供給元や水素の輸入拠点と需要者を結ぶネットワークの役割を果たし、燃料電池を用いた発電所、工場、病院、事務所、家庭、水素ステーションに供給されることが期待される。

このような水素利用のコストは現状ではかなり高いが、水素利用が盛んになれば大幅にコストダウンが進むと思われる。水素利用社会は再生可能エネルギーの利用と環境の保全をもたらす社会の将来像を示している。

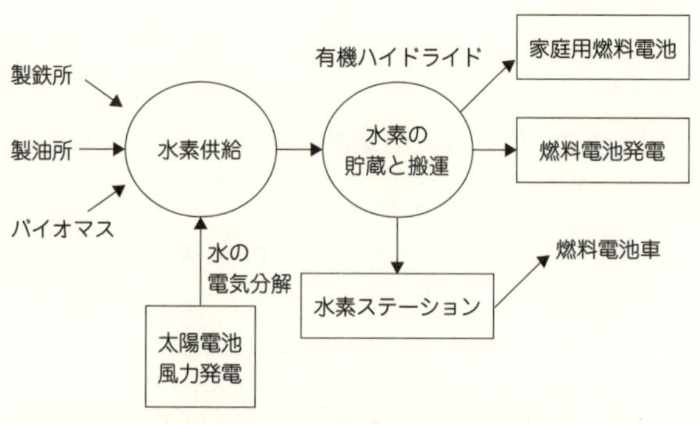

図10-7　水素利用社会のイメージ

第11章

暮らしと熱

この章では、涼しい繊維やあったか肌着の仕組み、羽毛布団が温かい理由について述べる。エアコンで冷房と暖房ができる理由や人体検知機の仕組みについても述べる。

第1話

羽毛布団はなぜ温かいか？

羽毛ふとんとは鳥（ガチョウやアヒル）の胸の毛（ダウン）を使用した布団である。羽毛布団に使われるダウンは、タンポポの綿毛のように丸くふわふわしていて、普通の細長い形状の羽根より、空気を多く含むことができる。このタンポポ型のダウンは他のダウンと絡まることがなく、固まることもないので、ふわふわと柔らかいまま温かさを維持できる。羽毛の原産国は、ハンガリー、ポーランド、ロシア、カナダなど、冬期にかなり冷え込む地域である。ガチョウやアヒルが寒さの中で獲得した羽毛の保温性や吸湿性・放湿性などの性質を人間が利用している。

羽毛布団の温かさを支えているのは羽毛自身の温度が高いためではなく、羽毛の周りにある空気である。人間の体温による温かさを断熱性の高い空気が保温している。乾燥空気の熱伝導率は0.024W/mKと非常に小さく、熱をあまり伝えない。それならば、風船のような空気の入った布団を作れば断熱性があって良いと思う人がいるかも知れない。しかし、中の空気を漏れないようにするには丈夫なゴムにする必要があるし、寝心地も悪くなる。さらに、空気の層が厚いと対流によって熱が移動するので、断熱性が損なわれる。羽毛布団の羽毛はふわっとしていて空気をたくさん含むことができるし、周りに羽毛があるために空気の対流がかなり制限される。

羽毛布団は、綿布団より断熱性、吸湿性・放湿性があり、軽いという利点もある。しかし、綿布団より柔らかいので、羽毛布団の上に寝るとすぐにへこみ、保温性が低下する。そのため、羽毛は掛け布団に最適であるが、敷布団には不適である。人は寝ている間にたくさんの汗をかいている。この汗の量は、成人男性で一晩コップ一杯ほどである。保湿性が高すぎるとカビやダニの繁殖が問題となるが、冬は室内の空気が乾燥しがちなので、適度な保湿性がないと静電気が発生するし肌の乾燥を助長する。羽毛は、放湿性も保湿性もある素材である。羽毛布団のように放湿性のある布団は、頻繁に干さなくても良いが、カビやダニの問題を考えるとやはり時々干した方が快適な寝心地になる。

羽毛布団の品質を比べるときに、最も分かりやすいのがダウンパワーである。羽毛に一定圧力をかけたときの膨らみ具合をcm^3/gで示したもので、数値が大きいほど膨らみやすくて保温や吸湿性・放湿性に優れる。

水鳥は、ほとんど水の中で生活しているから、水で羽毛が損傷することはない。羽毛の主成分はタンパク質である。タンパク質は水に溶けないので、羽毛ふとんは水洗いできるはずである。しかし、羽毛ふとんは取り扱い表示になるべく洗わないで下さいと表示されているものがある。それは、水溶性樹脂コーティング加工によって羽毛の汚れや鳥の垢、悪臭を止めているので、水で洗うと樹脂が溶けて悪臭が出ることがあるからである。

綿布団は昔から布団の詰め物として使われてきた。木綿わたは弾力性に富み、保温性や吸湿性に優れているため、掛けふとんや敷きふとんの詰め物素材として昔から使われている。ただ、吸湿性にはすぐれているが、湿り気を帯びるとなかなか元に戻らないため、必ず天日干しする必要がある。しかし、回復力は十分でふっくらしたやわらかなふとんに戻る。長期間の使用によってわたが固まるが、打ち直しをすることで繰り返し使用できる。

合繊布団とはポリエステル素材のわたを使用した布団である。断熱性は羽毛布団より劣るが、布団わたに必要な性能を備えている。木綿わたの半分ほどの軽さなので毎日の上げ下ろしもラクである。合繊ふとんはホコリを出さず、ダニやカビの心配も非常に少ない利点がある。

まとめ　羽毛布団の温かさを支えているのは羽毛の温度ではなく、羽毛の周りにある空気の熱伝導率が小さいことを利用している。羽毛布団の羽毛は空気をたくさん含むことができ、周りに羽毛があるために空気の対流が制限され断熱性が良い。羽毛布団は、ガチョウやアヒルが寒さの中で獲得した保温性や吸湿性・放湿性などを人間が利用している。

第2話

涼しい繊維とは?

蒸し暑いときの肌着にはこれまで天然繊維の麻や化学繊維のレーヨンやキュプラが用いられてきた。これらは通気性や吸湿性があり、一定の効果がある。近年、クールビズがいわれ、涼しい繊維といわれる合成繊維が登場した。涼しい繊維とは触った時にひんやり感じる繊維である。繊維中に水分を多く含み繊維の熱伝導率が高いことが涼しく感じる理由である。水分を多く含むと蒸発によって皮膚から熱を奪い、熱伝導率が高いと皮膚から熱を取り去りやすい。

涼しく感じる合成繊維の一例として芯鞘複合繊維がある。芯にポリエステル、鞘にエバール（ポリエチレン樹脂、ポリビニルアルコール樹脂との複合樹脂）を用いている。鞘のエバールは、水分となじみのよいヒドロキシ基が多いため水分を多く含み、着用した時に冷感を与える。

吸湿性や吸水性を向上させた素材もある。吸湿・吸水・速乾繊維の仕組みを図11－1に示す。通常の状態では汗は気体であるが、暑い時や運動時には汗は液体になる。吸湿性は気体状になった汗を吸う性質で、繊維の化学的な組成で決まる。吸水性は液体の汗を吸収する性質で、毛細管現象による。繊維の単位質量当たりの表面積が大きいと起こりやすい。表面積を大きくする方法としては、繊維を細くする、断面を異形化する、繊維側面に溝をつける、繊維構造を多孔にするなどがある。合成繊維は一般的に吸湿性が劣るが、改質して吸湿性を高めた素材や吸湿性と吸水性を高めた素材もある。合成繊維は吸湿性や吸水性を高めても、吸った汗は素早く放出されるため速乾性である。一例として、吸湿性と放湿性を向上させた改質ナイロンと吸水性を向上させた異形断面形状ポリエステルとの混合繊維がある。この繊維では、通常の状態では気体の汗を吸収し、運動時などは液体の汗も吸収する。吸収した気体と液体の汗は素早く拡散し、衣服内の快適性を保つ。また、吸水・速乾性のある異形断面形状ポリエステルを縦糸に用い、緯糸には表面に凹凸を作り通気性を高めた綿糸を用いた生地がある。通常のポリエステルと綿との混合生地を用いたシャツと比較して、通気量で約５倍、吸水性で約７倍あるという。

肌着だけでなく、省エネ対応素材を使った夏用のシャツが商品化されている。これは冷房温度28℃でも快適に過ごせるドレスシャツである。一例として、中空形状にして軽量化ポリエステルわたと、細繊度の高級綿を混紡した糸を用い、通気性良く織りあげた通気性、吸水性、軽量性を備えた生地がある。

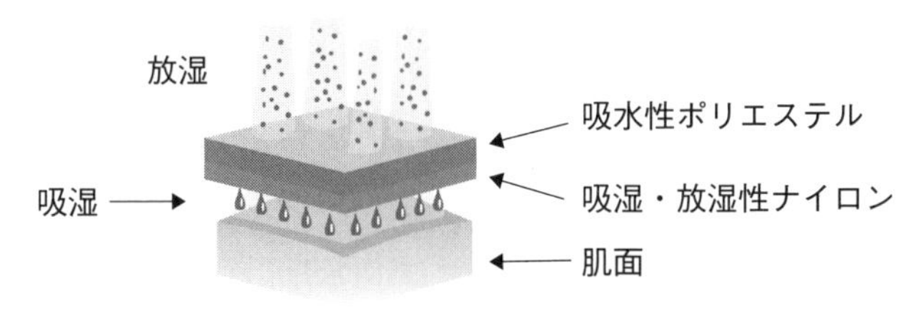

図11−1　吸湿・吸水・速乾繊維の仕組み
（ユニチカ（株）提供）

まとめ　涼しい繊維とは触った時に冷やっと感じる繊維である。繊維中に水分を多く含むこと、繊維の熱伝導率が高いことが涼しく感じる理由である。吸湿性や吸水性を向上した合成繊維としては、芯にポリエステル鞘にエバールを複合した芯鞘複合繊維、改質ナイロンと異形断面形状ポリエステルとの混合繊維などがある。

第3話

あったか肌着とは？

冬の寒いときは温かくするためにセーターなどをはおるが、温かくなる肌着があれば好都合である。近年省エネが叫ばれ、クールビズやウォームビズが実施されてきた。それに対応して、温かく感じる肌着が登場している。

繊維内部に空気孔を作ると、軽量で保温性を高めた素材ができる。その理由は、空気孔の部分の熱伝導率が繊維に比べて数倍も小さいからである。空気を多く含むことで断熱性を確保している。孔のあいた繊維を中空繊維とよぶが、初めから中空の繊維を作る方法と、２つの成分からなる繊維を作り織編物にしてから片方の成分を溶かして中空にする方法とがある。後者の例を図11－２に示す。

太陽光を吸収し、熱エネルギーに変換する物質（炭化ジルコニウムなど）を繊維の原料に練り込んでから繊維化したものがある。練り込まれた物質が太陽光を吸収し熱に変換するため、衣服の表面温度が高くなる。また、この素材は、熱変換機能に加えて人体から発生する熱（遠赤外線）を反射する機能（衣服の外に逃がさない）を付与させて、保温性を高めている。ただし、この方法は太陽光が出ていないと効果がない。

加熱されると遠赤外線を放射するセラミックスがある。遠赤外線は、物質に当たると熱に変換し、その物質を温める。このセラミックスをポリエステルに練り込んだ繊維が開発され、寝装品に利用されている。

羊毛繊維が吸湿して温かくなることは古くから知られているが、これは水分が繊維表面のヒドロキシ基などに吸着されて発熱するもので、吸湿発熱という。合成繊維のアクリルなどを改質して、水分を多く含むようにしたアクリレート系繊維があり、このアクリレート系繊維は20℃、相対湿度65％の状態で41％の水分を含むものもある（羊毛は15％）。この繊維を綿などと混用して織編物にした素材が吸湿発熱素材で、肌着などで商品化されている。高湿度雰囲気中では発熱して温度が上昇し、低湿度になると温度は下がる。

冬の暖房温度として政府が推奨している温度の20℃では少し寒いが、この環境でも快適に仕事ができるドレスシャツがある。使われている素材は、かさ高性、保温性、軽量性の３つの性能を兼ね備えた素材である。一例として、中空形状とした軽量のポリエステルに、特に保温性を強く求める場合には羊毛と混用、通常の場合は綿と混用した素材がある。また、織物の構造を高密度でかさ高な組織にして保温性を高めた素材もある。

周りの温度が変化した時に、素材が温かくなったり冷たくなったりする素材が温度調整素材である。パラフィンのような常温域で固体と液体に容易に変化する物質を相変換物質とよぶが、この物質を繊維に固着させたものである。相変換物質をマイクロカプセルに封入し、織編物に加工した素材の試験結果では、外気が温度変化したとき衣服内の皮膚表面温度は緩和される。

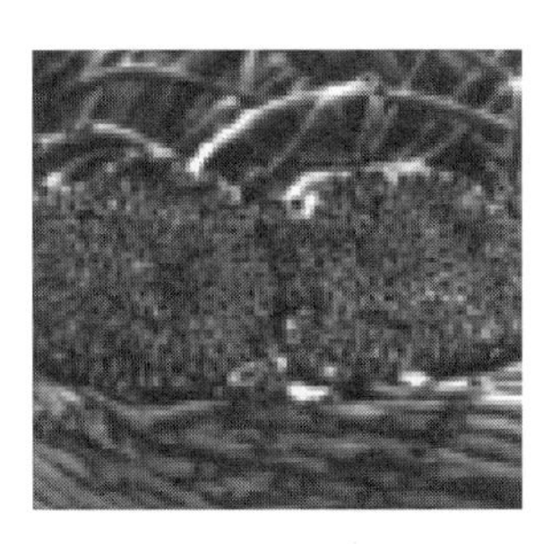

図11－2　中空繊維の例
（出典：東レ（株）提供）

まとめ　温かい肌着とは繊維内部に空気孔を作る方法や吸湿発熱を利用して温かさを保つものである。空気孔を作る方法では、熱伝導率が小さい空気を多く含むことで断熱性を保つ。吸湿発熱を利用する方法では、水分が繊維表面の水酸基などに吸着される際に発熱する。これらの素材と羊毛と混用、あるいは綿と混用した素材がドレスシャツとしても用いられている。

第4話

エアコンは一つの装置でなぜ冷房と暖房とを行うことができるか？

エアコンは、冷房と暖房とを行うが、冷房の時は媒体を膨張させて熱を逃がし、暖房の時は媒体を圧縮させて発生する熱を利用する。その媒体としては、フロン12（沸点－29.8℃）がアンモニアなどに代わって登場したが、オゾン破壊を産む物質として使用が禁止され、代替フロンに置き替わり、さらに炭化水素ガスなどに置き換わってきている。

近年では、家庭用のエアコンは暖房と冷房の両方が使えるヒートポンプのタイプがほとんどとなっている。この場合、冷房の時は、液体が蒸発するときに蒸発熱を周囲から奪って気化することを利用し、暖房の時は気体から液体に圧縮する時、多量の熱を放出することを利用する。

図11－3はエアコンに用いられている気体液化ヒートポンプの仕組みを示している。冷房のときは、液体が蒸発するときに蒸発熱を周囲から奪うことを利用している。図11－4では50℃くらいになっている液体を膨張機で気体を蒸発させると5℃程度の気体が得られるのでこれを冷房に利用する。液体を蒸発させるだけでは持続的な冷房ができないので、蒸発した気体を圧縮機で液化し、循環して使用する。圧縮機で凝縮するときにエネルギーを使うが、そのとき余分の熱が発生するのでそれを外器から逃がす。

暖房運転時は図11－4において、圧縮機で気体が液化するときに温度が上昇して80℃くらいになるが、この温熱を暖房に利用する。液体になった媒体は室外機の熱交換器に向かい、室外の空気を利用し蒸発が行われ、媒体は気化する。気化させることで室外の空気から熱を奪い温度を上げて圧縮機に吸入される。圧縮機は媒体ガスを圧縮し、再度室内へ媒体を送り出す。エアコンは圧縮機で圧縮した時の熱および室外の空気から奪った熱で高温の媒体を作り出し室内機へ送っている。

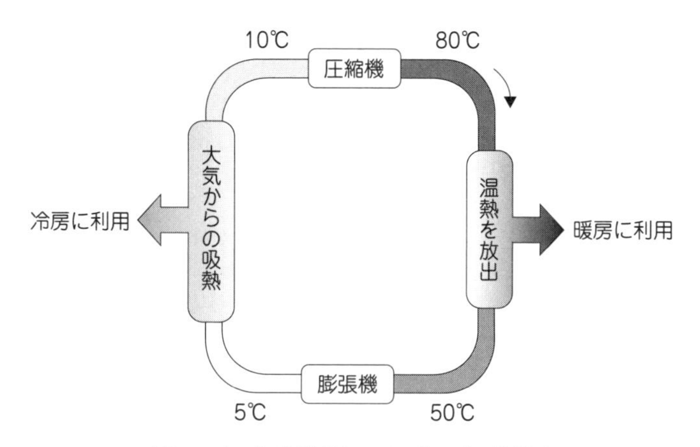

図11-3　気体液化ヒートポンプの仕組み

暖房運転中に室外機に水滴が溜まる。これは熱交換器を通り抜ける室外の空気から媒体の蒸発で熱を奪うとき、空気中の水分が冷やされて水滴になるからである。水滴は熱交換器表面に付着して室外機底に溜まり、排水される。

この気体液化ヒートポンプは冷暖房だけでなく、冷熱や温熱を必要とするいろいろな装置や設備で使われている。例えば、ビルの冷熱や温熱を利用するシステムでは夜間の余剰電力を利用して氷を製造し、その冷熱を利用して昼間の冷房の効率を上げたり、温熱を利用して給湯に使うことなどが行われている。

まとめ　エアコンは、冷房の時は気体を膨張させて熱を逃がし、暖房の時は気体を圧縮させて発生する熱を利用する。家庭用のエアコンは暖房と冷房の両方が使える気体液化ヒートポンプのタイプが多い。冷房の時は、液体が蒸発するときに蒸発熱を周囲から奪って気化し、暖房の時は、気体が液化するとき熱を放出することを利用する。

第5話

人体検知機の仕組みは？

男性用トイレで用を足すと水が自動的に流れるシステムなどに人体検知機が使われている。人体検知機には強誘電体の$LiTaO_3$やPZT ($Pb(Zr,Ti)O_3$) などのセラミックスが使われる。強誘電体とは結晶中においてプラスイオンとマイナスイオンの重心が一致していないため、自発分極を持っている物質である。PZTなどの誘電体に温度変化を与えると表面電荷が現れる焦電効果によって赤外線を検出する。PZTなどの誘電体は強誘電体から常誘電体への転移温度付近で誘電率が大きく変化するので、温度変化により表面の分極の状態が感度良く変化し、表面電荷が現れる。焦電現象（温度変化で表面電荷が現れる現象）は表面の温度が変化するだけで起るので赤外線検知器として感度が高い。

赤外線は可視光よりも波長は長く、その波長は0.78～1000 μmの範囲にある。人の体温は36～37℃であるから、人体からは9～10 μmの波長をもつ遠赤外線が放射されている。すべての物質から赤外線が放射されているが、私たちの目では感知されない。焦電型赤外線センサは熱型センサとよばれ、入射される赤外線エネルギーを受光素子面で熱に変換し、受光素子の焦電効果によって誘起される電荷を電気信号として取り出す。赤外線センサは、検知エリアの温度の変化をとらえて「人が来た」と判断する。温度を検知するのは、センサの中の焦電素子という黒い薄い板である。

赤外線人体検知センサは、受光素子、インピーダンス変換用FET、窓材等のセンサ構成部品がパッケージ内にまとめられていて、常温で動作し光源を必要としない。センサは、センサ視野の背景温度を感じており、対象物が視野に入ると、背景温度と対象物の表面温度との温度差に対応した信号が得られる。

受光素子は外部振動に対しても電荷を発生するが、この振動による誤信号を除くために、２つの受光素子を用いて自発分極の方向を逆にして電気的に直列に結線している。それで、2つの素子に同時に等価に加わった振動は、電気的に相殺される。検知面には赤外吸収能のよい黒化膜が使われ、検知感度は1000V/Wにもなる。人体検知では、太陽光などの外来光をカットし、9～10μmの赤外線だけを受光するように7μmのカットオンフィルタが窓材に使われている。

人体検知機は、自動ドア、防犯装置、自動照明スイッチ、空気清浄器、エアコンの自動制御などに広く用いられている。人体からの遠赤外線は、通常小さな凹面鏡の反射ミラーで集光される。この光学的増幅は効果的で、球面の曲率が一定な受光半径20mmの凹面鏡と60dBのアンプを用いるだけで、10～15m先の0.3m/s程度の速度で移動する人体の検知ができる。検知距離や検知エリアは、凹面鏡の反射面やフレネルレンズ面を多面分割することで任意に設計されている。人体検知の回路ブロック図をセンサ部の内部回路と共に図11-4に示す。入射した赤外線を凹面鏡の反射ミラーで集光し、受光素子で発生した信号をFETトランジスタでインピーダンス変換した後、信号を増幅し、信号のレベルが基準電圧以上であれば、駆動装置（水を流すなど）が働くようにする。

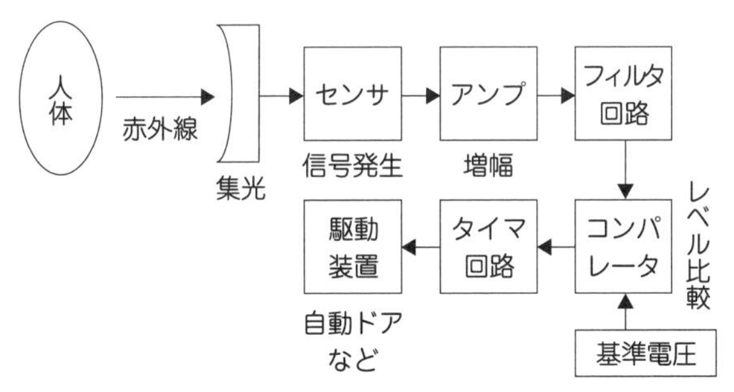

図11-4　焦電型赤外線センサを用いた人体検知装置の構成

まとめ　人体検知機にPZTなどの強誘電体セラミックスが使われている。人の体温は36～37℃で、9～10μmの遠赤外線をセンサで検知する。人体検知センサは、赤外線を受光素子面で熱に変換し、受光素子の焦電効果による電荷を電気信号として取り出す。赤外線人体検知センサは、自動ドア、防犯装置、自動照明スイッチなどに用いられている。

コラム　体感温度

体感温度とは人が肌で感じる温度の感覚を定量的に表したものであるが、個人差がありその定義はあいまいである。人が感ずる暑さは気温だけでなく、湿度、放射温度、風の強さ、服装、代謝量、年齢、性別、健康状態によって影響を受ける。それらを総合したものが体感温度である。

湿度が高いと汗が蒸発しにくいため、蒸し暑さを感じる。放射温度とは直射日光や路面などからの反射による放射熱の平均的な強さである。風があると皮膚表面から汗が蒸発しやすくなり、涼しく感じる。服装によって保温効果が大きく違う。代謝量は人間の行動によって体内で発生する熱量である。静かに音楽を聞いているか運動しているかによって、暑さの感じ方は大きく違う。

仮に外気温が28℃、エアコンでコントロールされた室内の空気の温度が25℃、壁や天井など室内の表面温度が28℃だとすると、温度差は３℃である。一方、その逆で表面温度が25℃、室内の空気の温度が28℃だとすると温度差は３℃である。温度差は同じだが、人間は後者の方を圧倒的に快適と感じるそうである。さらに、表面温度が25℃の状態で少しでも空気が動けば、心地よさはより強くなるという。暑い国でも、家の中が冷たくて風が通るだけで涼しく感じるのは、このためである。暑い地中海の国々では、家はレンガの厚い壁に囲われていて、昼間は灯りをつけずに暮らしている。また、熱帯のアジアの地域でも、木や竹を使い、影をつくり、風を通して暮らしている。

人間は環境に適応する動物である。外の温度よりほんの少し低いだけで、涼しいと感じる。もし室内の表面温度を外気温より１℃か２℃下げれば、とても涼しく感じるという。そのためには、外からの光の反射や、家の周りの直射日光があたる所をなくす、また外気からの影響を受けないように、しっかり断熱することだといわれる。

第12章

料理と熱

この章では、電子レンジの仕組み、圧力鍋の効用、煮る料理と炒める料理の特徴、熱い油に水滴を落とすと跳ねる理由、目玉焼きを作るときフライパンに水をたらす理由について述べる。

第1話

電子レンジの仕組みは？

電子レンジは、マグネトロンから電磁波を発生させて食品中の水の分子を振動させて加熱する。電子レンジの基本構造を図12－1に示す。マグネトロン真空管装置から電磁波（マイクロ波）を発生し導波管から電子レンジ内に2.45GHzのマイクロ波を導入する。

電子レンジは電磁波の電界成分を利用した加熱装置である。水分子は水素と酸素がV字形で結合し、水素がややプラスに酸素がややマイナスに帯電し、分極しているため誘電率εが80程度と大きい。これにマイクロ波を当てると、水分子の向きが１秒間に24億4500万回変化することで、大きな熱が発生する。電子レンジ室内の内壁は金属製なので、電磁波は内壁ですべて反射される。容器には電気的に偏りのない（誘電率の小さい）物質で、電磁波を透過してしまう素材（ガラス、プラスチック、陶器）が使われているため加熱されない。図12－1にはマイクロ波が直接容器を透過して食品を加熱する経路と、マイクロ波が内壁で反射されたあとターンテーブルや容器を透過して食品を加熱する経路とが描かれている。食品を加熱した結果、熱伝導で食品の容器やターンテーブルなどに熱が移動するが、その量は限られている。

2.45GHzの電磁波の空気中（$\varepsilon = 1$）での波長は12.2cmであるが、水中（$\varepsilon = 80$）では$1/(\varepsilon)^{1/2}$となるので1.4cmとなる。この波長は食品の大きさに比べて小さいので光の反射、吸収、屈折の法則が近似的に適用できる。マイクロ波はほぼ垂直に食品に入り、食品内部で全反射するため部分的な定在波ができる。その結果食品には加熱むらができる。四角形の食品は角の部分が強く加熱される。食品により誘電率の大きいものと小さいものとがあるので加熱のされ方が違う。食塩などを多く含むと加熱されやすく、水分が少ないと加熱されにくい。

電子レンジの出力は400～600Wで人体がまともに浴びると障害を受ける。

電子レンジの覗き窓から内部を見ることができるが、電磁波が漏れないようになっている。覗き窓には金属製の網が張ってあって、ここで電磁波が反射される。電磁波はその波長（12.2cm）より狭い金属の隙間を通ることができない。

電子レンジを用いる際に注意しなければならない点がある。金属を電子レンジ内に入れるのは最も危険である。金属にマイクロ波を当てると、金属の先端の部分から強いエネルギーを得た電子が飛び出して稲妻が走る。稲妻は金属を溶かし、電子レンジ自体にもダメージを与える。うっかり食品をアルミホイルなどに包んで電子レンジに入れてはいけない。

卵を直接電子レンジで温めると爆発する。温められた水分が水蒸気になり、殻の中の圧力が増してどこかで殻が破れると一気に爆発する。卵以外にも通気性の悪い皮に包まれた食材を沸騰するまで温めると爆発する。あんかけなど粘度が大きく対流しにくい液状のものは、突然沸騰して爆発しやすい。

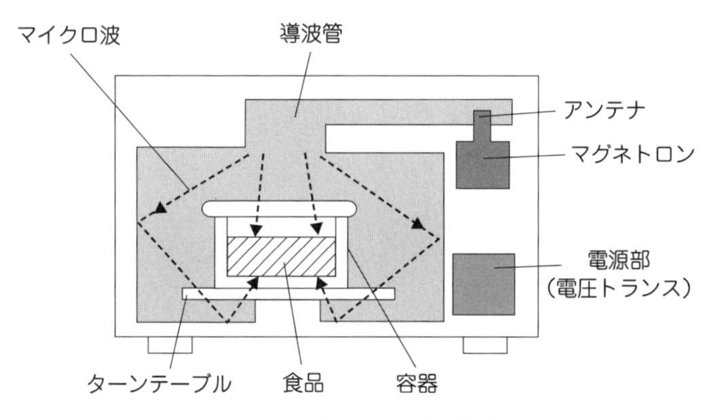

図12-1　電子レンジの構造

まとめ　電子レンジは、2.45GHzのマイクロ波を発生させて食品中の水の分子を振動させて加熱する。水分子は水素がややプラスに酸素がややマイナスに分極している。マイクロ波を当てると、水分子の向きが高速に変化して大きな熱が発生する。容器には電磁波を透過してしまうガラスやプラスチックなどを用いるため加熱されない。

第2話

熱い油に水滴を落とすとなぜはねるか？

揚げ調理は油を用いるので180℃程度の高温で調理ができる。食材を高温の油に投入すると、表面の水分が瞬間的に沸騰して蒸発し、油に直接接した部分は短時間でタンパク質が熱変性し硬化する。食材の表面に硬い殻ができるので、表面のみがサクッとした食感となり、内部は水分が保たれて軟らかさが残る。

てんぷらを揚げようと油を加熱しているときに水滴を落とすと、ジュッと音がしてはねる。熱い油に落とした水滴はなぜはねるのだろうか？

水滴が油の中に落ちるとどうなるだろうか。油の温度が100℃より低いと水滴の油の中での形状は、図12－2（概念図）のようである。図12－2を概念図と書いたのは、実際にはこのような静止した形状が現れるのではなく、過渡的にこの形状に近い形が現れると考えられるからである。水の密度が油の密度よりも大きいので水滴は下に沈もうとするが、表面張力が働いて水滴が球形になろうとする。

さらに油の温度が180℃くらいだとどうなるだろうか。水滴は密度が大きいので下に沈もうとするが、温度が高いので下に沈む途中で周囲の油から熱をもらって急激に温度が上がる。油との境界近くの水の温度上昇が速く、100℃になり沸騰が始まる。水滴は密度が大きいので下に沈もうとするので、油との境界の面積が増え、さらに熱をもらうことになる。このように油から水滴へと熱が急速に移動するので急激に沸騰する。

沸騰するということは、液体が気体になるということである。そうすると、体積が何倍になるだろうか？　15℃の水が100℃の水蒸気になったとすると、体積が約1600倍になる。油の中で体積が1600倍になろうとすると、まわりの油をおしのけて水蒸気が急速に膨張する。水蒸気が膨張すると油をおしのけるが、空いている空間は上方にしかない。それで、沸騰した水蒸気が油を巻き込んで上方にはねることになる。

水蒸気が油を巻き込んで上方にはねるときに、ジュッと音がする。音は空気の疎密波が空気中を伝播して私たちの耳の鼓膜に達することにより感じられる。ジュッという音の原因は水滴が沸騰して水蒸気が急激に膨張する際に発生する空気の疎密波である。その時の音の大きさは気体の膨張の大きさと速度による。膨張の大きさと速度が大きいと水蒸気が周りの空気の疎密の程度を大きくして、大きな音になる。

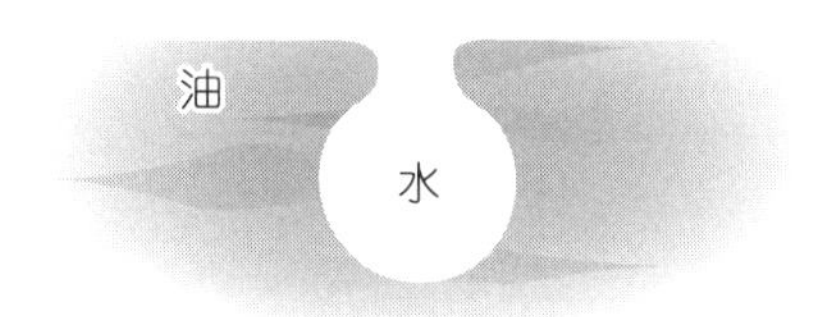

図12−2　油中に水滴が落下するときの概念図

図12−3　油がはねて顔をしかめる人

まとめ　高温の油の中に落ちた水滴は、油よりも密度が大きいので、下に沈もうとする中で油から熱をもらい、やがて100℃の液体になる。液体の水がさらに熱をもらって沸騰すると、体積が約1600倍になり急膨張するために、油を巻き込んではねる。そのときに、ジュッと音がするのは水滴が急激に沸騰して水蒸気が膨張する際に発生する空気の疎密波による。

第3話

目玉焼きを作るときフライパンに水を少したらすのはなぜか？

目玉焼きには片面のみに火を通す片面焼きと両面に火を通す両面焼きとがある。人によっては黄身をつぶした上で焼き上げたものを好む場合がある。ここでは、片面焼きで、そのまま焼き上げる場合を考える。

目玉焼きを作るとき、フライパンでサラダ油などの油を熱し、フライパンが熱くなったところで生卵を落とし、フライパンの縁に水を少量たらして蓋をする。そうすると、卵の表面に薄い膜が張り、崩れにくい目玉焼きができる。

焼けているフライパンの縁に水を少したらすと、水は蒸発して水蒸気になる。発生した水蒸気は、フライパンには蓋がしてあるので中に閉じ込められる。卵は底の方は温度が上がっているが、上の表面の方はまだ熱が伝わっていないので、温度が低い。水蒸気はフライパンの中を高速で空気とぶつかりながら飛び回っているが、卵の表面では温度が低く露点以下になっているので、そこで水となって凝縮する。

水蒸気が凝縮して水になるのは、水が蒸発して水蒸気になる現象の逆である。水が水蒸気になるときは、周りから水１ｇ当たり2255Jの蒸発熱を奪うが、水蒸気が凝縮して水になるときは、周りに水１ｇ当たり2255Jの凝縮熱を与える。水蒸気の運動エネルギーが水となったとき分子の運動エネルギーが減るが、その分を周りに熱として与える。フライパンの中に入れられた水は、底から熱をもらって蒸発して水蒸気となり、高速で空気とぶつかりながらフライパンの中を飛び回り、温度が高い部分に当たっても跳ね返るだけだが、たまたま温度の低い卵の表面にぶつかると、露点以下になるのでそのエネルギーを凝縮熱として卵の表面に与え、水として凝縮する。その熱によって卵の表面が熱せられて薄い膜が張る。フライパンに入れる水の量を増やすと、卵は底の方からの熱と上表面で水蒸気が凝縮するときの熱と両方から熱せられ、蒸し焼きになる。

目玉焼きの作り方にはいろんな流儀があるようだ。弱火でじっくり焼く方法、強火で熱してから火を消して蓋をし予熱で焼く方法、少し熱してから水を加えて蒸し焼き気味にする方法などである。どれが一番良いということはなく、それぞれの人のお好みである。

卵は黄身も白身も、主成分はタンパク質である。タンパク質は特有の高次構造を持っているが、その構造が熱によって変化することを熱変成という。熱変成して固まる温度は、黄身が約80℃、白身が約90℃である。始めに黄身の表面、次いで白身の表面に薄皮が張る。目玉焼きは熱変成によってタンパク質の構造と性質を変える操作をしていることになる。

電子レンジで生卵を加熱すると、卵を爆発させる可能性がある。電子レンジは食品にマイクロ波を当てて、水分子に直接エネルギーを与え、水分子を振動・回転させて温度を上げる。生卵に電子レンジのマイクロ波を当てると、黄身の水分が沸騰し、水蒸気圧が大きくなり沸点も上がって100℃以上の水と高圧の水蒸気が共存する。さらに、黄身が熱膨張を起こして一部殻の外に出ると、外気に触れて急に減圧して沸点が急に下がり、たまっていた100℃以上の高温の水が急激に沸騰して爆発する。電子レンジで生卵を料理する場合は、予めヨウジなどで黄身の部分まで通した穴を空けるなどの準備が必要となる。

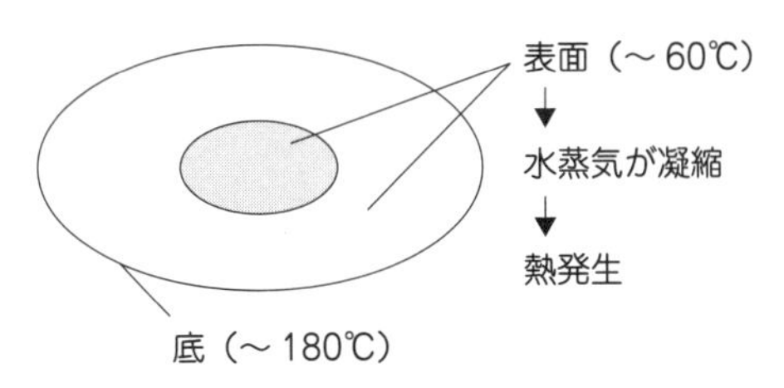

図12-4　目玉焼きの表面に薄皮ができる過程

> **まとめ**　焼けているフライパンに水を少したらして蓋をすると、水は水蒸気になりフライパンの中に閉じ込められる。卵の底の温度は高いが、表面の温度はあまり上がっていない。卵の表面は露点以下の温度なので、水蒸気は水となって凝縮し、周りに凝縮熱を与える。その凝縮熱によって卵の表面が熱せられて薄い膜が張り、崩れにくい目玉焼きができる。

第4話

圧力鍋の効用は？

圧力鍋は密閉のできるフタをして高温、高圧にし、短時間で調理できる鍋である。水が沸騰するのは100℃だが、圧力鍋では内圧が1.8気圧で120℃程度で沸騰する。高温にすることで、通常の1/3〜1/4の時間で調理できる。

圧力鍋の構造を図12－5に示す。圧力鍋の構造は主にフタの部分に特徴がある。調圧弁と安全弁の二つの弁によって安全に迅速に調理できる。調圧弁は圧力を調節する弁で、圧力鍋のフタには小さな穴の開いたパイプがついていて、その上の部分におもりがついている。鍋を火にかけ圧力が上がってくると、中の蒸気がおもりを押し上げて、穴のあいたパイプから中の蒸気が外に逃げる。このおもりと外に出る蒸気圧のバランスで中の圧力が一定に保たれ、安全弁として働く。鍋の中の圧力は調圧弁で調節するが、調圧弁の働きが悪く中の圧力が上がったときにこの安全弁が働く。その他にも、予備として圧力開放機構がある。中の圧力が異常に上がると低融点合金の栓が溶けて圧力を開放する。

この圧力鍋に食材を入れて加熱すると、水が蒸発して蒸気になる。本体とフタの間は、ゴム製のパッキンで塞がれている。このため，蒸気の出口はノズルしかなく、ノズルの出口はおもりで塞がれている。加熱を続けると蒸気の量が増え内部の圧力が高くなり、おもりが持ち上げられノズルの出口が開いて蒸気が外に出る。蒸気が逃げて鍋の圧力が下がるとおもりが再び下がる。ゲージ圧で0.8気圧、温度で120℃が一般的である。ここでゲージ圧とは大気圧を０気圧としたときの圧力である。ゲージ圧0.8気圧とは絶対圧で1.8気圧である。

圧力鍋を用いた調理は加熱、加圧、蒸らし、減圧の４つの段階がある。加熱して圧力調整用のおもりが蒸気で動き始めるまでが加熱時間、その後やや火力を絞って、圧力をかけ続けるのを加圧時間、加熱を終えて放置するのを蒸らし時間とよぶ。そして最後の工程が圧力調整弁のおもりを外して圧力を逃がす減圧作業となる。通常これら4つの工程を足したものが調理時間とされる。

圧力鍋を用いると調理時間が少なくて済むため、大きな食材によく火を通しても煮くずれしにくい利点がある。一般の鍋で煮るよりも少量の水で調理できるため、食材に含まれる水溶性の栄養成分が食材外に流出しにくい。密閉により放熱が少ないので、鍋の中が高温になったらすぐに火を止め、余熱だけで調理を進めることも行われる。調理後に弁を操作して減圧を始めると止まっていた沸騰が再開して蒸気が減圧中の弁から噴出しないよう注意が必要となる。蓋を開けるときは十分に減圧して圧力を開放してないと、高温の内容物が蓋ごと上方に噴出して勢いよく飛び散ることがある。鍋と蓋の隙間にあるパッキンは消耗品で、劣化すると蒸気が噴出したり蓋が吹き飛ぶ危険性がある。

長時間煮込む料理には圧力鍋を使うのが好ましい。カレー、シチュー、おでんなどの煮込み料理、豚の角煮などのブロック肉、大根、ごぼう、れんこんなど根菜をたっぷり使った料理、煮豆、骨も食べられる魚、すじ肉の料理などに適している。圧力鍋は短時間で調理できて便利だが、途中で蓋を開けて煮え具合を確かめることができない欠点がある。

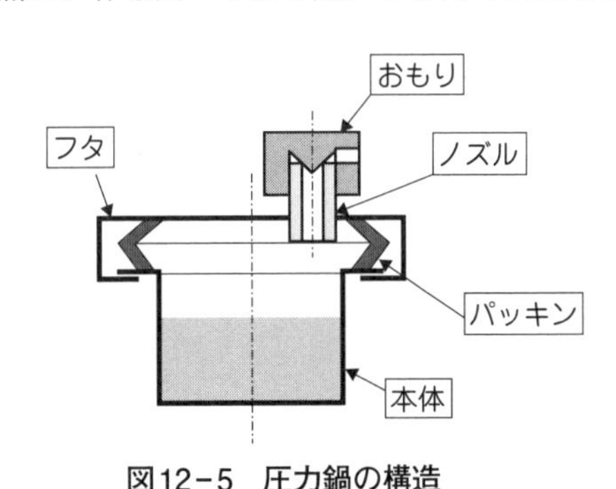

図12-5　圧力鍋の構造
http://lglink.blog81.fc2.com/blog-entry-426.html

> **まとめ**　圧力鍋は密閉のできるフタをして高温、高圧にすることで短時間で調理できる鍋である。圧力鍋の場合は内圧が1.8気圧で120℃程度の高温で水が沸騰する。高温にすることで、通常の1/3～1/4の時間で調理できる。フタには調圧弁と安全弁がついていて安全に調理できる。圧力鍋では大きな食材でも煮くずれしにくく少量の水で調理でき、長時間煮込む料理に適している。

第5話

煮る料理と炒める料理の特徴は？

煮る料理は鍋に水と食材を入れて加熱し、調味料を加える調理法である。1気圧のもとでは水は100℃で沸騰するので、食材は100℃付近の温度で調理されることになる。有害な細菌などは100℃で死滅するので安心して食べることができる。水に調味料を加えて加熱する場合を煮るといい、水だけで加熱する場合を茹でるという。

食材の比重は、豆類が1.2程度で鍋の底に沈み、ジャガイモ、ニンジン、トマト、肉類などは1.05程度で水中で半ば浮かんだ状態で煮ることになる。加熱によって高温になった水は軽くなって上方に移動し、相対的に低温の水は下の方に移動する対流が起こりほぼ均一に加熱される。煮ると食材はほぼ完全に水に囲まれて加熱され、90℃を超えると気泡ができて部分的に沸騰が始まる。さらに煮ると激しく気泡がでてぐらぐらと暴れるように湯が動き水蒸気の発生も激しくなる。静かに加熱している保温状態に比べて沸騰している状態では食材への熱伝達率が数倍になるというデータがある。沸騰状態では短時間で調理できるが、煮崩れが起こりやすい。食材は70℃程度からタンパク質が固まり始め、脂肪分は溶け始め、食物繊維は柔らかくなる。

煮るのは日本料理でもっともポピュラーな方法である。鍋は煮る材料を入れた際、ふちに少し隙間ができる程度の大きさを選ぶ。煮始めは強火が基本で、煮立ったら火を弱めてそれぞれの食材に適した火加減にする。できるだけ混ぜず落し蓋などを利用して煮崩れを防ぐ。煮汁の量は料理によって調整する。調味料には砂糖、塩、酢、醤油、味噌がある。砂糖は食材を柔らかくする性質がある。塩は食材の水分を出して引き締める働きがある。塩は先に入れると、他の調味料がしみ込みにくくなるので、繊維の多い食材を煮るときは最後に入れる。酢、醤油、味噌は風味を味わうものなので、あまり早くから入れない。

炒めるとは少量の油を使って野菜や肉などの食材をかき混ぜながら強火でサッと加熱する調理法である。高温で短時間で加熱するので、ビタミンなどの栄養素の損失が少ないのが特徴である。

炒めるときの油の温度は180℃程度である。この高温の熱で食材の表面にある水分を蒸発させ外部に放出する。水の蒸発潜熱が非常に大きいので高い温度の油でも食材の薄い水の表面層を取り除くだけである。そのため手際よく均一にかき混ぜて、食材に絶えず高温の油膜が接触するようにする。

炒める調理の特徴を生かすためには、下ごしらえが重要になる。違う食材を同時に炒める場合は、火の通りが均一になるよう大きさや形を合わせる。野菜の水気をしっかりきらないと、油はねや仕上がりが水っぽい原因になる。水分が多い野菜や、加熱で色が悪くなりやすい野菜は、下ゆでまたは油通しをしておくと炒める時間が短縮できる。肉や魚介類には下味をつけておく。臭みが抜け味がなじむので風味がよくなる。味にムラができないよう、調味料は先にあわせておく。

鍋は予め十分熱しておく。特に鉄鍋は薄く煙が上がるくらいまで空焼きしてから油を入れる。弱火で炒めると野菜は水っぽく肉や魚介類は硬くなるので最後まで強火で炒める。余熱で火が通り過ぎないようでき上がったらすぐに器に盛る。炒め物に使う鍋にはフライパンや中華鍋を使うのが一般的である。炒める材料は薄いもの、火の通りが良いものが適している。煮物の下ごしらえとして行う場合は、煮物用の鍋を使って炒めた後に汁を加え煮ることも多い。フランス語でいうソテーとは、ほぼこの炒める調理法である。油炒めは油の量と温度でテクスチャー（表面の視覚的な色や明るさ）が変化する。

まとめ　煮る料理は鍋に水と食材を入れて加熱し調味料を加える調理法である。煮ると食材はほぼ完全に水に囲まれて加熱され、対流によってほぼ均一に調理される。炒めるとは少量の油を使って野菜や肉などの食材をかき混ぜながら強火でサッと加熱する調理法である。高温で短時間で加熱するので、ビタミンなどの栄養素の損失が少ないのが特徴である。

コラム 揚げ料理の特徴

揚げる料理は油という沸点の高い液体の中で加熱する方法である。揚げることで、食材の中から水分を速く追い出し、高温でタンパク質を変性させて焦げ目をつけ、うまみ成分をつくりだす。高温のため表面から硬くなるので、内部は柔らかさが残り、栄養素やうまみ成分が流失しない。また、高カロリーの油を含むので、調理後の食材のエネルギー価を高く保つことができる。

揚げる場合は、植物性の油（菜種油、大豆油、サラダ油、ゴマ油、オリーブオイルなど）を150～180℃の高温で、短時間で調理する。食材を高温の油が囲み、熱の対流と接触による熱伝導で、食材に短時間に大量の熱が与えられる。食材からは水分が蒸気となって取り除かれる。まず表面が硬くなるため、内部のうまみが形成される温度（肉類では70℃程度）を維持できる。

油を使うときの注意点は、水と違って加熱すればどんどん温度が上がることである。温度が上がり過ぎないようにするためには、火力の調整、鍋の中の油の量、一定温度を保ちやすい鍋の選定、調理中の食材の動かし方、調理時間の見極めなどが必要である。発火点は370℃で、発煙点は180～210℃である。発火点は油が燃える温度、発煙点は油が分解し始める温度である。使い古した油は発煙点が下がるので注意が必要である。

油は１ｇあたり38.6kJのエネルギーがある。食材への油の付着量は調理の仕方によって変わり、食材本体の重さに対して、素揚げ（３～５％）、から揚げ（６～８％）、天ぷら（15％）、パン粉を用いた衣揚げ（15～20％）といわれている。

第13章

植物と熱

この章では、植物の太陽エネルギーの利用方法、蒸散における身を守る役目と吸水方法、植物の低温、高温、乾燥に対処する方法や運動能力について述べる。

第1話

木陰はなぜ涼しいか？

気温の高い晴れた日は木陰で休みたくなる。木陰は直射日光があたらないだけでなく、特に涼しい。それは、植物体内（主に葉）の水分が蒸発することによって蒸発熱を奪うからである。植物は根から水を吸収し、細胞に送られ、葉で光合成の原料として使われる。光合成に使われなかった水は、図13－1に示すように、葉にある気孔から外界に水蒸気になって放出される。この作用を、蒸散という。蒸散は、おもに葉に分布している気孔とよばれる穴を通して行われる。気孔は、２つの唇形をした孔辺細胞に囲まれた穴である。

植物から見ると、根から吸収した水の一部は光合成に利用したり、体を維持するのに必要な水分として蓄えるが、その多くは利用されることなく蒸散して外に出てしまう。気温が高く乾燥した日には、１本の成木から１トン以上もの水分が蒸散により失われる。これは、根から吸収される水分のおよそ90％に相当する。植物は苦労して吸い上げた水をなぜ蒸散させるのだろうか。

樹木は何十ｍもの高さまで水を運ぶことが出来るが、そのためには蒸散が必要である。根で吸収された水は、根から茎を通って葉に至り気孔までつながる１本の道管とよばれる管を通って移動する。逆に水分が不足気味のとき、植物は身を守るために気孔を閉じて蒸散量を抑えようとする。また、蒸散には植物の体温を調節する働きもある。

例えば直射日光にさらされている厚さ300μmの葉は、熱の放散が全く無ければ１分間で100℃に達する。動物が汗を出して気化熱を放散して体温を下げるのと同じ原理で、植物は蒸散によって体温が上昇するのを防いでいる。孔辺細胞は、細胞の中の水分が多いときに開き、細胞内の水分が少ないときに閉じる仕組みになっている。だから、植物の細胞内の水分が多いときに気孔は開いて蒸散が活発になり、細胞内の水分が少ないときに気孔は閉じて蒸散は不活発になる。植物が水を多く使って光合成をさかんに行うとき、気孔は開いて使わなかった水をさかんに外に排出する。

葉や茎からの蒸散が起点となって、水は木部を介して根から吸い上げられる。蒸散の調節は気孔によって行われている。気孔は一般には昼間開いて夜に閉じる。また，晴れた高温の日にはよく開き、雨や寒い日には閉じる。さらに、風の強いときや葉の水分が不足している時にも閉じる。気孔の周囲にある孔辺細胞の浸透圧が高くなると、吸水が生じて膨圧が高くなり細胞がふくらむ。サイトカイニンという酵素の働きによって孔辺細胞の形が変形して気孔のすき間が大きくなり、蒸散が活発になる。孔辺細胞の内側の細胞壁が厚く外側が薄いために、吸水が生じると細胞壁の薄い外側がよく伸び細胞は弓なりに曲がって気孔が開く。その反対に孔辺細胞から水分が失われると、気孔は閉じる。

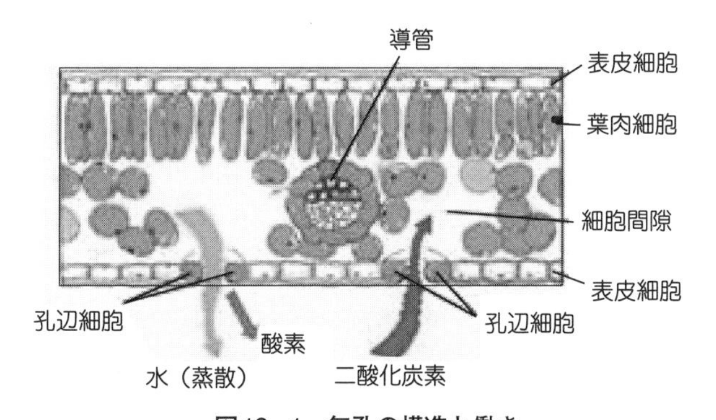

図13−1　気孔の構造と働き
（出典：日本植物生理学会HP、名古屋大学 木下俊則教授提供）

> **まとめ**　木影が涼しいのは、葉の水分が蒸発し蒸発熱を奪うからである。根から吸収した水は光合成に利用したり、植物体を維持するのに必要な水分として使うが、その多くは蒸散する。植物は何十ｍもの高さの葉まで水を運ぶ必要があるが、そのためには蒸散が必要である。また、高温の時に、植物は蒸散によって体温が上昇するのを防いでいる。

第2話

植物はどのように太陽エネルギーを利用しているか？

太陽光を利用して植物は光合成を行う。可視光線のほとんどは500～700nmの範囲にある。エネルギーの高い500nmは約239kJmol^{-1}に相当する。一方、二酸化炭素のC-O結合のエネルギーは799kJmol^{-1}で水のH-O結合は459kJmol^{-1}なので、二酸化炭素と水を原料とし可視光線をエネルギーとして光合成を行うのは無理なように見える。この光合成反応の秘密は光合成色素のアンテナ機構と光励起に伴う電子移行機構で解明されている。

光合成反応は細胞内の葉緑体とよばれる米粒状の器官で行われる。葉緑体内部にはグラナとよばれる座布団を重ねたような物質があり、その座布団の１枚の膜をチコライドとよぶ。チコライド膜にはクロロフィルやカロテノイドなどのπ電子系色素がある。クロロフィルにはクロロフィルa（分子式$C_{55}H_{72}O_5N_4Mg$)、クロロフィルb（分子式$C_{55}H_{70}O_6N_4Mg$）などの種類がある。植物の光合成反応は可視光線の内680nmと700nmとを使って行われている。それらの波長の光に対して、割合として１個のクロロフィルaが反応し、それ以外の波長に対しては割合として300個のクロロフィルbが並んで待ち受けてこの光をキャッチする。クロロフィルbはアンテナ色素とよばれる。

光合成の光励起過程の模式図を図13-２に示す。縦軸のエネルギーの単位は電圧（V）で、横軸はチコライド膜上の内側から外側への空間的配置を示す。まず、チコライド膜上の内側で680nm付近の波長の光がクロロフィルaに吸収され、色素が活性化され、勢い余って電子が１個飛び出す。（この光吸収を光化学系（PS）Ⅱとよびその電子をP680と略記する）励起されたP680*の電子は隣接するいくつかの化合物（図13-２に記号で示す）の中を移動しプラストシアニン（PC）という化合物に移る。電子が飛び出したために電子不足となったP680（酸化型P680）は、H_2Oのエネルギー準位が近くにあるのでMnを含む水分解酵素が働いてH_2Oから電子を奪って、自身は元の安定状態に戻る。この水分解のときに酸素が生じて、これが気孔から放出される。

一方、700nm付近の波長の光を吸収した光化学系(PS) Iの電子(P700)は、励起されてP700*となり、X, Fdを経て$NADP^+$に渡され、$NADP^+$はNADPになる。ここでNADPは還元されてNADPHができる。電子の抜けたP700にはP680由来の電子がプラストシアニン(PC)を通して供給され、自身は元の安定なP700に戻る。

これらの光化学反応で得られた成分と二酸化炭素を使ってグルコースやデンプンなどを合成する。光化学反応により生じたNADPHおよびATPが駆動力となって回路が回転し、最終的にフルクトース-6-リン酸から糖新生経路に入り、多糖（デンプン）となる。

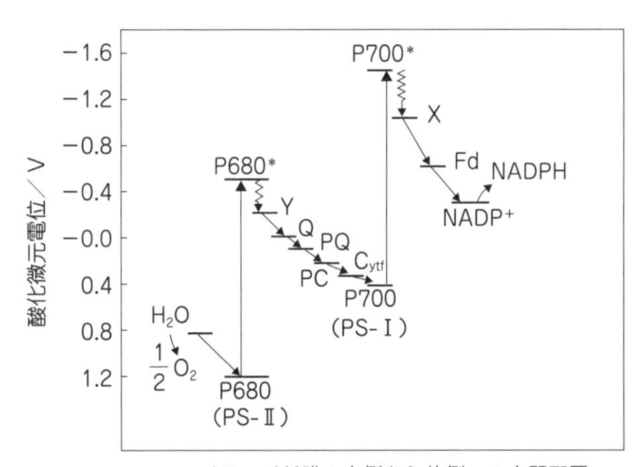

図13−2　光合成の2段階光励起過程

まとめ　植物は二酸化炭素と根からの水と太陽からのエネルギーを使って糖やデンプンを作りだす。葉緑素が680nmと700nm付近の波長の太陽光を吸収し、電子を放出して化合物群を活性化してNADPHとATPを生成し、糖やデンプンを生成する。光合成における水の役割は、原料の酸素と水素を供給、電子を供給、根から水溶液の形で養分を供給することである。

第3話

100mもある高い木はどうして水を吸い上げることができるか？

120Lの水を18mの高さ、ビルの６階に運び上げるのは重労働である。これは成長したカバの木が夏の暑い日に毎日行っていることである。アメリカのカルフォルニア州にあるセコイヤの木は100m以上の高さだという。こんな高いところまで植物はいとも簡単にエネルギーを使うことなく水を運んでいるように見える。どうしてそれが可能なのだろうか？

最初に根圧説を紹介する。根の細胞が浸透圧の差を利用して水を吸収する力を根圧という。根圧は１気圧程度で、水を押し上げる高さとしては10mなので、根圧が水を押し上げる主な原因ではない。根の浸透圧は土壌粒子に付着した水を掻き集める役割を果たしていると考えられる。

次が毛細管説である。植物体内の細い管の中の水は、管の内壁が水になじみやすいと管の中を上昇する。茎の中の水を通す道管や仮道管とよばれる管の直径は数μmから数100μmだが、水は100μmの管で30cm、10μmの管で３m上昇する。10m以上の高い木で水が上がるのは毛細管説では説明できない。

そこで登場するのが蒸散説である。葉の表面には図13-１にあるような気孔が１mm^2あたり50～500個ある。根から吸い上げた水は、葉の細胞間隙に接している細胞から浸み出して蒸発する。蒸発した水蒸気は、気孔をとり囲む２つの孔辺細胞が変形すると気孔が開いて外に出る。これらの一連の動きを蒸散という。植物は水が不足すると、葉の気孔を閉じるホルモンができて気孔を閉じる。

では蒸散によって水はどれだけの力で水を吸い上げるのだろうか？　蒸散による水を吸い上げる力は図13-１の細胞間隙の相対湿度RH（%）によって決まる。相対湿度とは、ある空気中での水蒸気圧をその温度での飽和水蒸気圧で割って100を掛けたものである（水蒸気圧の温度に対する変化は第７章、第３話参照）。相対湿度が100％のときは水蒸気が飽和しているために水を吸い上げ

る力はゼロである。蒸散によって水を吸い上げる力を－P（負圧で気圧の単位）とすると、

$$P = 10.7 \times T \times \log(100/RH) \qquad (13-1)$$

という式で表せる。－Pは相対湿度の常用対数に比例するので、相対湿度が小さいとこの力はかなり大きい値になる。例えば、気温が25℃（T＝298K）で相対湿度が80％のときには、水は300気圧の力で蒸発する。これは、水を3000mの高さにまで引き上げる力に相当する。こんなに大きい力が生み出される原因は、水が蒸発するときに水素結合によって結ばれている水の分子間力を切る力が大きいことにある。

別の表現をすると、光合成において１MWの日射当たり約25kWの熱量を持つ乾燥炭水化物1.4gを生成する。したがって、光合成の変換効率は2.5％で、吸収した太陽エネルギーのうち大部分は蒸散のエネルギーとして消費されている。これは蒸散のエネルギーがいかに大きいかを示している。結局、水を吸い上げるエネルギーは太陽によって与えられ、植物は自らエネルギーを使うことなく蒸散によって水を吸い上げている。

この蒸散による圧力が植物内部でどのように根まで届いているのだろうか？まず、葉の細胞内では蒸散によって水分が失われるために湿度が低下し、式（13－１）による負の圧力が発生する。負の圧力が道管や仮道管を経て根まで伝わって行く。別の表現をすると、土壌→根→茎（道管）→葉→気孔→大気となるにつれて水ポテンシャルが低くなる。その際、根圧や毛細管力が水を押し上げる補完的な役割をしている。途中で水中に泡などが発生したら根まで負圧が届かないが、水の凝集力（分子間力）が大きいため水柱が連続している。

まとめ　植物は葉から水が水蒸気となって蒸発することによって水を吸い上げる。その力は気孔の内側の細胞間隙とよばれる空間の湿度が99.7％のときに10気圧で水を100m吸い上げる力に相当する。植物内部では、蒸散による水分の減少で負の水圧差が発生し、道管や仮道管を経て根まで伝わる。植物は太陽のエネルギーによって水を吸い上げている。

第4話

植物の環境ストレスに対する応答とは?

通常の生育環境とは異なる環境におかれた植物では、その環境に応答してさまざまな生理的変化が起こる。環境変化が激烈であれば、生育自体が阻害されて場合によっては枯死する。緩やかな環境変動に対しては、遺伝子発現や酵素反応などを制御することによって、その環境変動を乗り切ろうとする。植物にとって環境ストレスになりうる要因は、高温、低温、強光、暗黒、乾燥、降雨、塩などさまざまで、植物が全くストレスを受けていない条件で生育できることはほとんどない。

植物の環境ストレス応答はどのような特徴を持っているのだろうか。動物と植物の環境との関わりを考えた場合、一番大きな違いとなるのは動物の体の恒常性である。特に恒温動物の場合に顕著であるが、動物では外界の環境が変動しても体内の状態を常に一定に保ち、生存のための各種の化学反応が円滑に進行するようにしている。

これに対して植物では、環境の変化は体内の状態に直接影響を及ぼす場合が多く、例えば厳寒期の樹木などにおいては、細胞自体の温度もマイナス数十℃になる。このような動物と植物の違いは、そのストレスに対する対処法の違いにもつながる。動物では、外界の環境が変動した時に体の恒常性をどのように保つかが重要であるが、植物では、体内の環境が変動することを前提に、そのような状況の中でいかに生存し続けるかが重要である。このことは、植物が移動能力を持たないことが関係している。植物では、強い太陽光が照りつけるからといって日陰に入ることもできない。移動能力を持っていれば避けうるストレスも、植物は甘受しなければならない。植物は環境に応じて体の状態を積極的に変化さることによって生命を維持している。

日の出から日没までの間に、太陽の光の強さは大きく変動する。もし、一番光が強いときにもストレスとならないような光合成の仕組みを作ったとすると、光がそれより弱い時に光合成の効率が下がってしまう。そこで、植物は、中程度の光の強さに適応した光合成系を持ち、強い光があったときにはそれに対する防御機構を発動する。強光に対する防御機構としては、過剰な光エネルギーを熱エネルギーに変換して発散させるシステムや、過剰なエネルギーによって生成した活性酸素を消去するシステムがある。

高温ストレスにおいては、タンパク質の変性や複合体の解離などによる機能喪失が生育阻害の直接的な原因となると考えられる。高温ストレスに対する応答は、タンパク質の一次構造の変化による熱耐性の獲得などの進化的な適応と、熱ショックタンパク質とよばれるタンパク質の変性を防ぐタンパク質の発現などの短い時間スケールでの応答が、植物の主な対処手段となる。

低温ストレスは、0℃以下の凍結ストレスと、0～10℃ぐらいの温度の低温ストレスに分けられる。凍結ストレスにおいては、細胞内で氷の結晶が成長することによる細胞の物理的な破壊と、細胞外で水が凍ることによって細胞内の水が失われ、浸透圧が上昇することによる障害が、主な生育阻害の原因となる。このため、耐凍性を持つ植物では、細胞内液をいわば不凍液化して細胞内の凍結を防ぎ、細胞内に浸透圧調節物質を貯めることによって浸透圧の上昇による障害を回避するシステムがある。このようなシステムは、凍らない程度の低温によって誘導されるため、徐々に温度が低下したときには、凍結ストレスに対処できるが、温かいところから突然温度が低下したときには対処できない。

乾燥ストレスは、細胞から水分が失われる点では、凍結ストレスと同様である。また、乾燥ストレスの下では、水分の損失を防ぐため葉の気孔を閉じて蒸散を抑える。

まとめ　植物の環境ストレスは、強光、高温、低温、暗黒、乾燥、降雨、塩などである。植物は移動能力がないので、環境に応じて体の状態を変化させる。高温に対しては、タンパク質の一次構造の変化による熱耐性の獲得やタンパク質の変性を防ぐ機構がある。低温に対しては、細胞内液を不凍液化して細胞内の凍結を防ぎ、浸透圧調節物質を貯める。

第5話

植物は運動する能力を持っているか？

植物は一度根付いたら、その場所で何十年、何百年もその場所にいる。植物は運動しないのだろうか？　植物に運動する能力があるとすれば、そのエネルギーはどこから得ているのだろうか？

植物をよく観察すると運動している。イネなどが光の方向に曲がる、ヒマワリが太陽の方向に向く、植物が倒れたときに起き上がる、エンドウの巻ひげが棒に触れると屈曲して棒に巻き付く性質などを持っている。このように外部からの刺激方向または反対方向に屈曲する性質を屈性とよぶ。

屈曲が刺激の方向とは関係なく決まるのを傾性という。傾性には、タンポポのように光が強くなるときに花を咲かせ、ネムの木のように明るいときに葉を開き暗くなると閉じるものがある。食虫植物のハエジゴクなどの捕虫運動では感覚毛や触毛に虫が触れると、それを捕らえようとする。オジギソウや食虫植物の速い運動は次に述べる膨圧が関係している。

オジギソウのおじぎは、植物が水を利用して運動する現象の一つである。植物の細胞は塩類を含む水溶液で満たされているが、細胞膜の両側で浸透圧が等しくなろうとして外界と水のやり取りをしている。植物の細胞は細胞内の浸透圧が外の浸透圧よりもはるかに大きくなっている。この差により外の水が細胞内に入り込もうとするので、細胞内の体積が増加する。細胞内体積は無限には大きくなれないので、浸透圧による力を細胞壁が押し返そうとして細胞内の圧力が増える。この圧力を膨圧とよび植物の自律運動の動力になっている。

オジギソウの葉にものが触れると、葉が閉じるとともに、葉に接触した刺激が葉柄にまで伝わり、葉柄も下に垂れる。この動きは人間の神経の伝達と似ていて、葉から葉柄へと電気的な刺激が非常に速く伝わる。オジギソウに刺激が伝わると、葉枕とよばれる運動細胞の下半分から水やカリウムイオンなどが流出するため、細胞の膨圧は急激に低下する。このとき流出した水は、上の部分に汲み上げられる。その結果、下半分の細胞が変形するため、葉が閉じ、葉柄が垂れ下がる。その回復はゆっくりであるが、上半分に上がった水が下に流れ落ち、下半分の細胞の膨圧が元に戻ってオジギソウは運動前と同じようになる。オジギソウの運動は触れるだけでなく、熱、風、振動といった刺激によっても生じる。

このように眼に見える運動だけでなく、植物の生命活動のいろいろな面で運動が使われている。気孔は、一対の孔辺細胞とその周辺の細胞からなる構造で、孔辺細胞間にできる孔の大きさを調整して開閉を行っている。孔辺細胞に青色光が照射されると、ATPのエネルギーを利用して水素イオンを輸送する細胞膜ポンプが活性化され、膜電位が過分極し、孔辺細胞内にカリウムイオンが取り込まれ、気孔が開口すると考えられている。このように、植物の運動の源泉にはATPが関わっている。ATPは、生物に必要不可欠なエネルギーの供給源である。植物もバクテリアも、全ての生物はこのATPという小さな分子をADPとリン酸に加水分解することで生まれるエネルギーによって活動している。運動はもちろん、DNAの複製まで、あらゆることにATPは用いられる。

図13-3　内側に閉じるオジギソウの葉
（出典：フリー百科事典　ウィキペディア）

まとめ　イネは光の方向に曲がる性質、ヒマワリが太陽の方向に向く性質、植物が倒れたときに起き上がる性質などを持っている。オジギソウの運動は、水の移動による細胞の膨圧変化によって起る。孔辺細胞に光が照射されると、ATPのエネルギーを利用して細胞膜ポンプが活性化され、孔辺細胞内にカリウムイオンが取り込まれ、気孔が開口する。

コラム

熱帯雨林の植物と地球温暖化

熱帯雨林は、年間を通じて温暖で雨量の多い地域に形成される植生、またはその地域である。地域としては東南アジア、中部アフリカ、中南米などである。特徴としては生息する生物の多さ、種の多様さが挙げられる。熱帯雨林の面積は地表の７％に過ぎないが、全世界の生物種の半数以上が生息している。熱帯雨林の植物の７割が樹木で、垂直に多層構造をしている。最上層には飛び抜けて高い樹木がまばらにある。その下に樹木の枝葉で覆われた層がある。その下に、つる植物や着生植物が多い。樹木が高さ70m程の層の中にいく重にも枝や葉を広げているので、地面には１％程度の太陽光しか届かない。それで、地面にはあまり植物が茂っていない。

熱帯雨林では、落葉や腐植の層はほとんどなく、土壌が痩せている。これは、気温が高くて養分の分解速度が速いこと、養分が雨によって流出すること、シロアリが落葉を自分の巣に持ち込むことなどによる。地質は、痩せた酸性の土壌となる。そのため熱帯雨林の土壌は薄く、一度広い面積で植生を失うと、雨で急速に土壌流失を起こし、砂漠化しやすい。

20世紀に入って以降、熱帯雨林は伐採や農地開発による破壊が進み、急速に減少・劣化してきている。かつて地表の14%を覆っていた熱帯雨林が現在は６%まで減少し、このペースで減少が続けば40年で消滅すると予測されている。それに伴って絶滅する生物種の数は、年間５万種にも上るとみられる。森林破壊の原因は地域によって異なるが、破壊の最大のものは木材や紙生産のために行われる商業伐採で、鉱業開発、農地や牧草地への転換等がそれに続く。

大気中の酸素の40%は熱帯雨林から供給されたものである。この数字は熱帯雨林によって吸収された二酸化炭素の量に相当する。熱帯雨林が減少すると、吸収される二酸化炭素の量が減り、地球温暖化をさらに促進させる。

第14章

動物と熱

この章では、北極グマの低温に対処する方法、ラクダの高温への対処や水の節約方法、汗をかく動物と汗をかかない動物の高温に対処する方法の違い、恒温動物の体温調節方法や変温動物の環境への適合方法について述べる。

第1話

北極グマはなぜ凍死しないか？

北極の冬では－30℃以下の低温は普通である。北極グマでも体の半分以上は水が含まれているので水分が凍ったら凍死しそうなものである。グリーンランドを中心に生息している北極グマは体長2.5m、体重500kgで北極圏の王者といえる。これは天敵がいないためで、魚やアザラシなどを好きなだけ食べられる環境のためである。

生体の半分以上は水が含まれている。もしその水が凍ったら生体は生きることはできない。生体の中の水を分類すると、図14－1に示すように、三層に分かれる。A層は束縛水とよばれタンパク質に直接接している水である。水分子がタンパク質にしっかり結び付いているため、動きにくい。B層の水はA層の水と相互作用しているため動きがやや鈍い。C層の水はB層の外側にあり自由に動き回る普通の水である。水は並進運動や回転運動をしているが、A, B, C層のどちらの水であるかによってその運動の速さが違う。A層では、10^{-7}秒、B層で10^{-9}秒、C層で10^{-12}秒程度で回転運動をしている。A層の水はタンパク質の動きと連動しているので、－190℃でも凍らない。B層の水はA層の水をガードする役目をしている。

細胞をガードしているA層の水はタンパク質の表面にしっかりくっついている。これらの不凍水の量はタンパク質1g当たり0.35g程度あり、タンパク質の表面を1～2分子層の水分子で覆っている。このタンパク質表面の水が凍らない理由は、タンパク質表面には－OH, －CONH－, －COOHなどの親水基が存在していて、水分子と水素結合などで結ばれているためである。これが、北極圏でも草木が生え、北極グマなどの動物が生存できる理由の一つである。

さらに、北極グマが極寒の地を生き抜く安全なものを持っている。その一つは、白いふさふさした毛と皮である。ふさふさした毛は空気をたくさん含み熱を伝えない性質を持つ。人間の皮膚は外気に直接さらされているので凍傷にかかりやすいが、北極グマは天然の防寒具を着ているといえる。また、北極グマは皮下に褐色脂肪とよばれる脂肪分を持っている。褐色脂肪は冬眠する動物にも多くみられ、体温調節のための熱発生に使われる。褐色脂肪を分解または酸化する過程で発生する熱で北極グマなどの極寒地方の動物は体温を維持している。

生まれたばかりの北極グマは大丈夫なのだろうか。北極グマのメスは極地方に秋がくると、島の海辺にある雪の吹きだまりに穴を掘り、中に巣を作る。巣の入り口もやがて雪が降り積もって塞がる。メスはこの巣で子を生み仮眠状態で冬を過ごす。生まれたての子グマはネズミほどの大きさしかなく、かすかな毛しかないので母グマにぴったり体を寄せている。母グマは乳で子グマを育てるが、それを蓄えた脂肪をもとに作り出している。巣の温度は外気温に関係なく、0℃以下にはならない。寒気は自然の雪で遮断され、大きな母グマの体温で結構温かいのである。

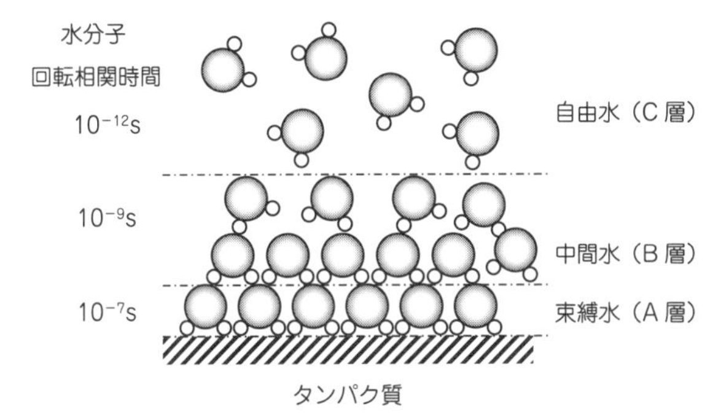

図14-1　生体中の水分子の運動状態モデル
（上平恒著『生命からみた水』共立出版、p.78、1990を参考に作成）

まとめ　生体の中の水には、タンパク質に強く結び付いている水、ゆるく結び付いている水と普通の水があり、タンパク質に結び付いている水は凍りにくく、極寒の地でも生きて行ける。北極グマはふさふさした毛を持っていて、天然の防寒具を持っている。皮下には褐色脂肪を持ちその分解または酸化の過程で発生した熱を体温維持に使っている。

第2話

ラクダは温度変化の激しい砂漠をどのように生きているか？

砂漠地帯の気候は過酷で、日射が強い昼間は30℃を越えるのが普通で、夜間は放射冷却で温度が下がり、昼間との温度差が20℃を超えることも珍しくない。ラクダは一日に140kmも水なしで歩けるといわれる。

ラクダは反すう動物で、本当の胃のすぐ手前に２つの胃があって、その内の一つを水袋として使っているという説があり、教科書などでもそのような説明がなされていた。しかし、ある研究者が屠殺直後のラクダを何頭も調査した結果、袋はあっても水は見つからなかった。したがって、特別な水袋ではなく、体全体で水を調節していると考えられる。

図14－２にラクダの水分と体温の調節術を示す。ラクダが歩くためのエネルギーは食べ物や脂肪を分解するときのエネルギーを使い、熱が発生する。灼熱の砂漠の中で熱が発生すると困るが、ラクダは暑くても汗をかかない。ラクダはその熱を体内に蓄えることができる。ラクダの体温が夜と昼で６℃くらい違うそうである。人間では、体温が２℃上がっただけで体調が悪くなるが、ラクダは体温が40℃でも平気である。砂漠の夜は急激に温度が下がるので、昼間にためた熱を夜に放出する。500kgのラクダの６℃の体温上昇は、身体の比熱容量を$3.4 \mathrm{J g^{-1} ℃^{-1}}$とすると、約10000kJの熱を貯蔵することになる。これだけの熱を汗など水の蒸発で放出しようとすると、４Ｌあまりの水が必要になる。

人間は身体から約２割の水分を失うと死に至るが、ラクダは、体の６割の水分を失っても耐えることができ、渇いたときは一気に大量の水を飲む。

ラクダはもっと水分を摂るまたは節約する機能を体の中に持っている。ラクダは血液中の尿素を胃腸にいる微生物に食べさせ、分解してしまう。さらに、ラクダの体では尿細管が長く、それだけ尿を濃縮できるので、血液濃度の10倍もの尿を作れる。砂漠には塩分を含む植物が珍しくないが、ラクダはそんな植物を食べても濃い濃度の塩分を排泄できるので、水分が補給できる。人間は海水を飲んだら脱水症状を起こすが、ラクダは海水からでも水分を吸収できる。

ラクダの体表面にある毛皮が高温での身体への熱の移動を遅らせ、結果として水を節約する。ラクダの毛の長さを１cm以下に刈った場合は体重100kg当たり１日に失う水の量は約３Lであるが、刈り取っていない長さが３～14cmの毛を持つラクダでは体重100kg当たり１日に失う水の量は約２Lである。

ラクダの鼻の穴は砂が入り込まないように閉じることができ、呼吸をするときの水の蒸発を防ぐ役目もしている。乾いた外気を吸い込むと、鼻の中で粘膜の水分が蒸発して冷える。肺から出てくる湿った空気はこの粘膜で結露する。ラクダの鼻は巻き紙状になっていて、吸い込まれる空気と接する鼻の壁面の面積が1000cm^{2}と非常に大きい。この巻き紙状の鼻の面で吐く息が結露し、吸う息で水が蒸発して温度を下げている。こうして、呼吸で放出される空気の中の水蒸気の何割かを鼻の中で回収している。

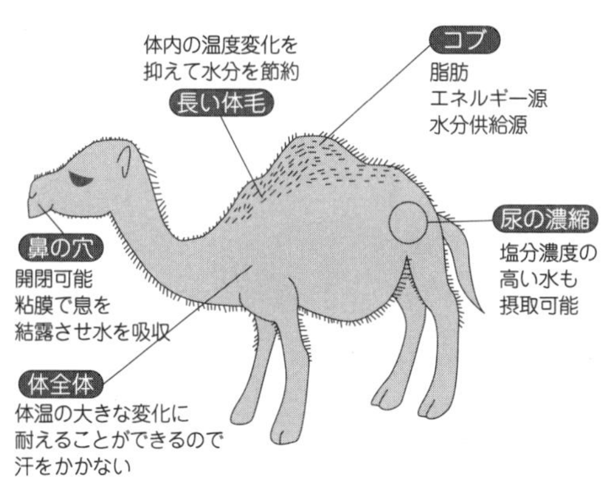

図14−2　ラクダの水分と体温の調節術

> **まとめ**　ラクダは身体全体で水分を節約する策を持っている。ラクダは汗をかかず、体温が40℃でも平気で、昼間にためこんだ熱を夜に放出する。毛皮は熱の移動を遅らせ、尿細管が長く、血液濃度の10倍もの尿を作れ、塩分を含む植物からも水分を補給できる。鼻は巻き紙状になっていて、呼吸で放出される水蒸気の何割かを鼻の中で回収している。

第3話

ヒトはなぜ汗をかくか？

ヒトは動物界きっての汗かきである。哺乳類や鳥類は定温動物とよばれ、体温をほぼ一定に保たないと生きて行けない。ヒトの体では、運動したり気温が上がると、始めは皮膚の血管を広げて皮膚に熱を集め、その熱を皮膚を通して空気中に放出して、体の深部の温度を一定に保とうとする。逆に、急に寒いところに出たときに鳥肌になるのは、血管が収縮して熱の放出を防いでいる。ところが、激しい運動などでは、皮膚の血管の調節だけでは温度調節が間に合わない。そこで、皮膚の血流量を増加させ、汗を出して体温を調節する。

汗を出すと体温が下がるのは、汗の水分が蒸発して蒸発熱を奪うからである。水の蒸発熱は1g当り2,440Jなので100gの汗をかいた244kJの熱量を身体から奪うことになる。人体の平均比熱容量は水の約0.83倍で、3.47J℃$^{-1}$g^{-1}であるので体重70kgの人が100gの汗をかいたら、244/(3.47×70)=1.0で1℃だけ温度を下げる計算になる。普通、炎天下を10分間歩くと、体温が1℃上昇するはずであるが、100gの汗をかくことによってそれを防いでいる。

では、ヒトの体温がなぜ37℃あたりで一定に保たれているのだろうか？　ここで、37℃というのは平熱としては少し高すぎると思われるかもしれない。しかし、通常測定するわきの下の温度はあまり正確ではない。体温としては口の中または直腸の温度がよく使われ、約37℃である。ヒトの生命活動（代謝）は、化学反応によって行われている。化学反応は温度が上がると指数関数的に速くなるので、温度によってヒトの生命活動が大きく違ってくる。仮に体温が37℃から38℃になったとすると、体内の種々の代謝反応が約10％増えることになる。代謝量が増えると熱の発生量も増え、熱を体外に逃がしてやらないと一層体温が上がってしまう。体内の重要な化学反応に酵素が関わっているが、酵素がよく働く温度範囲が狭いので、それを大きく外れた温度では酵素が働かなくなり、正常な代謝ができなくなってしまう。中枢神経の発達している動物ほど体温を厳密に調節しなければならない。

汗は汗腺とよばれる器官から出る。汗腺には、全身に約250万個が広く分布して体温調節の機能を持つエクリン腺と、わきが、乳部、外陰部などの身体の特定部位にあるアポクリン腺とがある。エクリン腺は、図14-3に示すように、一本の管が糸屑を丸めた形をしていて、底部の糸まり状の部分に汗の原液が入っている。それが、導管によって汗孔まで導かれる。エクリン腺から出る汗は99％が水分であるが、あとの1％には食塩、尿素、アンモニア、乳酸などが含まれる。汗をかいた後の皮膚をなめるとしょっぱいし、汗で濡れた下着は汗くさいのはそれらの成分が原因である。アポクリン腺もエクリン腺と同様の形状であるが、かなり大きいのが特徴である。アポクリン腺から出る汗はタンパク質、脂肪などの有機物が多く、わきがなどの臭いの元になる。それは、汗そのものからくる臭いというよりは、有機物に細菌が働いて臭い成分を出す。

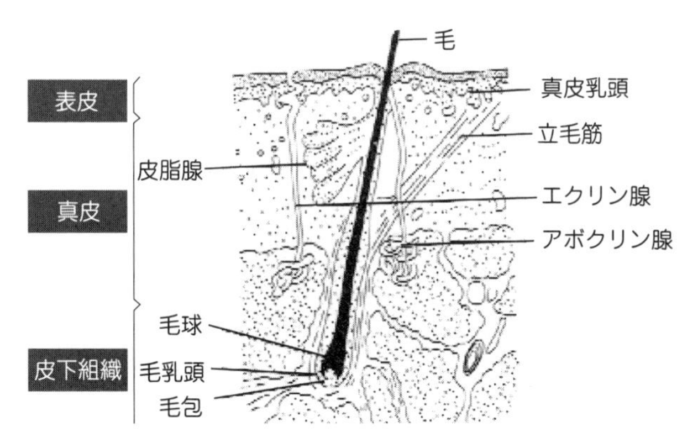

図14-3　汗腺（出典：田村照子編著　衣環境の科学　p.74　建帛社　2004）

まとめ　ヒトが汗をかくのは体温を一定に保つためである。体温が上昇すると、汗をかくことによって身体から蒸発熱を奪い身体を冷やす。ヒトの生命活動である代謝は、体温が1℃上昇すると、化学反応の速度が約10％速くなる。体温が変化し過ぎると、酵素が働く温度範囲が外れてしまい、正常な生命活動ができなくなる。

第4話

動物は汗をかかないか？

ヒトは汗をかくが、他の動物は汗をかかないのだろうか？

哺乳類や鳥類は定温動物（恒温動物）とよばれ、体温をほぼ一定に保たないと生きていけない。爬虫類や魚類などの環境温度と共に体温が変化する変温動物と違って、体温を一定に保つ機構が必要である。

ところが、イヌやネコが汗びっしょりとかライオンがひたいに汗するとかは聞いたことがない。競争馬が走った後に汗をかくのが例外的で、夏の暑い日に歩いただけでどっと汗をかくのは人間くらいのものである。動物は汗をかかなくても暑くないのだろうか？

第３話で述べたように、動物の汗腺には、エクリン腺とアポクリン腺がある。アポクリン腺は、脇の下や陰部などの限られたところにある。アポクリン腺の機能は、体温調節ではなく、ものを握る手のひらや地面に接する足の裏の滑り止めとして働いている。また、動物特有の臭い物質を出していて、なわばりの印つけや性的な信号としての役割をしている。エクリン腺は全身に分布し、体温調節の役目を果たす。エクリン腺が全身に分布しているのはサルの仲間だけである。他の動物たちは、汗腺のほとんどがアポクリン腺でエクリン腺は限られた場所にしかない。例えばイヌやネコのエクリン腺は足の裏にあるだけである。エクリン腺がない動物も多い。サル以外は、暑くても汗がかけない定めなのである。ウマの汗腺は例外的で、アポクリン腺なのに体温調節をしている。速く走るために適応し、進化した例といえる。

では、動物たちは暑いときにどうするのだろうか？　動物たちは暑いときにはなるべく活動しないというのが基本のようである。暑いときは木陰でじっとしている。狙われる動物は、逃げるために走らなければならないが、追う方でも暑いときは走りたくはないのである。

それでも暑いときには体温を下げるための方法が必要である。恒温動物は比較的長い体毛や羽毛を持っていることが多い。暑いときは毛皮などの外皮は皮膚よりも温度が低いことが普通であるから、放射や対流による熱を遮断する効果がある。また、体内中核部の温度が高くなってくると、身体の表層の血流量を増やす。血流量を増やす程度は最低のときの100倍にも達する。皮膚温度が高くなると、対流や放射による熱の放散が促進する。

それでも暑さをしのぎ切れない場合に、汗をかかない動物は口などの湿った粘膜面に接する空気の動きを激しくして蒸発による熱の放散をはかる。イヌが口を開けて舌を出してハーハーやる速く浅い呼吸である。イヌでは毎分200～300回に達する。それは、あえぎ呼吸といって温かい息を吐き、水分を舌から蒸発させることで体温を下げる。ウシやブタは鼻と口のまわりにだけ集中して汗を出す。ゾウは大きな耳をパタパタと振る。耳の血管が膨れ上り大量の血液が流れる間に、うすっぺらな耳から熱を放出することで温度を下げる。耳がラジエータの役割をすることになる。カバやブタなどは池や沼などに転がり込む。水や泥にまみれて直接伝導により放熱したり、濡れた身体で起き上がった後に起こる蒸発で放熱する。

ラクダは灼熱の砂漠の中で汗をかくと水分を失うので汗をかかない。ラクダは体毛が長いので砂漠の熱を遮る役割をしているし、塩分濃度の多い植物からも水を摂取できるように、濃い濃度の尿を少量だけ排出している。ラクダは汗をかかない代わりに身体全体にある水分を使って熱を貯めることができる。水は熱容量が大きく、温まりにくく冷めにくい物質なので熱をたくさん貯める。ラクダの体温が夜と昼で6℃くらい違っても平気だそうである。砂漠の夜は急激に温度が下がるので、昼間にためこんだ熱を夜に放出する。

まとめ　哺乳類などは体温を一定に保つ機構が必要である。競争馬が走った後に汗をかくのが例外的で、多くの動物はあまり汗をかかない。体温調節の役目を果たすエクリン腺が全身に分布しているのはサルの仲間だけである。動物たちは暑いときは、舌を出してあえぎ呼吸をしたり、池などに転がり込んだり、耳をパタパタと振って熱を放出する。

第5話

恒温動物はどのように体温を調節しているか？

多くの恒温動物は、常に安定した体温を維持し続ける。それによって行動能力を高く維持できるが、多量の餌を消費するリスクを負う。生物の進化において先に現れたのは変温動物で、恒温動物は後に変温動物の中から出てきた。約6500万年前に巨大な隕石が落ちて恐竜が絶滅したとき、哺乳類は生き残った。恐竜は変温動物だったため寒さに耐えきれず死に、恒温動物であった哺乳類は生き抜いたと考えられている。

哺乳類の視床下部には熱放散に関した部位と熱産出および保持に関した部位とがあって体温調節をしている。熱放散に関した部位では皮膚の血管を拡張させて、対流および放射による皮膚表面からの熱放散および発汗、喘ぎ呼吸を増やして蒸散による熱放散を調節する。熱産出および保持に関した部位では、ふるえによる熱産出および甲状腺ホルモンやアドレナリンの代謝を促進するとともに、皮膚血行の制限、発汗や喘ぎ呼吸や熱産出および保持に関した部位の抑制によって熱放散を抑える働きをしている。

哺乳類や鳥類の体温（中核部温）はたいてい35～42℃の範囲にある。したがって、陸上の例外的な場所を除けば体温は気温より高いことになる。その結果、哺乳類や鳥類の体温調節機構が身体から環境に向かって熱移動を制御する方向に進化してきた。寒冷への適応は熱放散を制限し、内部の熱産出を量的に拡大すれば十分で、十分な食料資源さえあれば対応が可能だった。

これに対して、酷暑の環境で特に水の確保に苦労するようなところでは体温調節が困難になる。環境気温が皮膚温をこえると、通常の温度勾配が逆になるので環境から身体に向かって熱が流れ込む。これには身体からの水の蒸発によるしかなく、乾燥した条件では蒸発が促進されるが、そのようなところは水の確保が困難な場合が多く、放熱は水しだいということになる。

北アフリカの砂漠地帯に棲むカンガルーネズミは、表面水もなければ水気のある草木もない乾燥した環境の中で繁殖している。カンガルーネズミは、飲み水からではなく食物から水を摂って生きている。水分24％まで乾燥した大麦を餌として与えると近くに水があっても飲まない。大麦のデンプンが消化して分解されてグルコースとなり小腸に吸収され、細胞内で使われてエネルギーを生ずるとともに、分解されて最終的には二酸化炭素と水を生成する。同様に、タンパク質、脂肪も細胞内で使われて水を生成する。カンガルーネズミは、水の消耗を少なくするために、地表面の下の涼しい穴に住んでいる。そして、夜間だけ活動することによって、体温調節に使う水の量を減らしている。

恒温動物は体温維持のために多量のエネルギーを必要とする。冬眠は、狭義では恒温動物である哺乳類と鳥類の一部が、活動を停止し体温を低下させて食料の少ない冬季間を過ごすことである。

哺乳類の18目約4,070種のうち7目183種が冬眠することが知られている。このことから、冬眠は一部の哺乳類の特殊な適応ではなく、変温動物を含めて食料の少ない冬をやり過ごすための普遍的なシステムと考えられる。シベリアシマリスの調査では、冬眠中のエネルギー消費量は活動期の13%まで低下し、心拍数は活動期の毎分400回から10回以下、呼吸は毎分200回から1～5回、体温は37℃から5℃に低下した。冬眠中の低体温は変温ではなく、体内の設定温度を切り替えた状態で一定の値に保たれる。

恒温動物は体内で積極的に熱を発生させ、それをできるだけ外へ逃がさない工夫をしている。例えば、哺乳類の毛や鳥の羽毛があるのもそのためである。そのため、恒温動物は冬でも冬眠せずに活動できる。そのため、地球上では恒温動物である哺乳類が、変温動物である爬虫類を圧倒しているのである。

まとめ　哺乳類の視床下部に熱放散と熱産出に関した部位があり体温調節している。熱放散は、皮膚表面での熱放散、発汗、喘ぎ呼吸で熱放散を調節する。熱産出は、ふるえおよび甲状腺ホルモンの代謝を促進し、皮膚血行を制限して熱放散を抑える。恒温動物は冬でも活動するが、一部は冬期に活動を停止して冬眠し、体温を低下させて冬の季間を過ごす。

第6話

変温動物はどのように環境に適合しているか？

変温動物は爬虫類、魚類、昆虫など外部の温度により体温が変化する動物で、冷血動物ともよばれる。変温動物と恒温動物の体温調節能力は連続的に変わり、厳密には分けられない。

変温動物は、恒温動物のように自力で体温を安定に保つことができず、気温や水温などに影響を受けやすい。体温調節のために能動的に熱を生み出すのではなく、外部の熱エネルギーを利用する。例えば蛇やトカゲ類は、日光浴をして体温を上げ、その後に活動する。水棲動物は身体を水に合わせて変温するが、陸棲動物は気温の変化に合わせるのにいろいろ工夫をしている。

オーストラリアのバッタは太陽光に合わせて体色を変えている。気温が高い時は白っぽい色であるが、気温が下がると黒っぽい色に変わる。これは色素細胞が独自に行っている。ウミイグアナは岩の多いガラパゴスの海岸で日向ぼっこをし、時々食物の藻をとりに比較的冷たい海に入って行き約37℃の体温を保っている。22～27℃の海に入っても、深部体温の降下を心拍数を下げることによって遅くしている。体温の低下が遅いとそれだけ長く海に浸かることができるが、その限度を越すと反応が鈍くなってサメの餌食になってしまう。

昆虫は暖かく乾燥した空気中では気管系からの水の蒸発作用で体温を低下させる。蒸発による熱放散は気門呼吸を行う昆虫にとって避けることができず、昆虫自身が蒸発量を調節することはできない。したがって、活動は環境しだいである。昆虫は低温の時は飛ぶ前に翼をあおり、ウォーミングアップをして体温を上昇させる。タテハチョウは11℃では6分間のウォーミングアップが必要で、18℃で90秒、34℃で18秒、37℃では直ちに飛べる。昆虫は飛び始めると筋肉が産生する熱を放散する問題に直面する。飛翔中の熱産生量は安静時の50倍になる。砂漠のイナゴは飛翔中の体温が上昇して致死水準の45℃に近づくの

表14−1　爬虫類と昆虫の低温および高温に対する対応

	低温	高温
爬虫類	冬眠する 日光浴をする	冷たく暗い場所にいる
昆　虫	冬眠する ウオーミングアップしてから飛ぶ	水の蒸発を利用 休み休み飛ぶ 高温では飛ばない

で、38℃以上の気温では飛び続けられない。それで、休み休み飛ぶ。

変温動物は、寒くなると体の代謝が低下するため冬眠をする。変温動物は周囲の温度が下がると活動しないといわれるが、これは必ずしも正しくない。ヤマアカガエルなどは厳冬期に繁殖、産卵を行い、そのときの気温は、5℃かそれ以下である。暑いときは、体温が上がり過ぎないように冷たく暗い場所にいることが多い。変温動物は体温調節を放棄しているため、生きるのに必要なエネルギーが少なくて済み、恒温動物と比べると1/10ほどの基礎代謝量である。エネルギーの摂取量が少なくなることは、食事の頻度が少なくてもよいことを意味する。

変温動物の体温は外界の温度によって変化するが、必ずしも外界と同じ温度になっているわけではない。走り回っているトカゲ、飛び回っている蝶など活動している変温動物の体温は外界よりも5～10℃ほど高い。体温が高ければ、それだけ体の動きも活発になり、餌もよく取れ、敵から逃げやすい利点がある。食物の消化や吸収も早くなり、それだけ早く成長もできるし、体も大きくなる。体が大きくなれば、オスはライバルとの競争に勝ってメスを手に入れやすくなるし、メスはより多くの卵を産める。よって、変温動物たちは体温を外界よりも高くするのに努力しているのである。

まとめ　爬虫類、魚類、昆虫などの変温動物は外気温などの影響を受けやすい。気温が低いときは日向ぼっこをして体温が上昇したら活動を始める。変温動物は、寒くなると冬眠し、暑いときは冷たく暗い場所にいる。変温動物は体温調節をしないため、生きるのに必要なエネルギーが恒温動物と比べると1割ほどで、餌を取る頻度が少なくて済む。

コラム　冬眠

冬眠は、狭義には恒温動物である哺乳類と鳥類の一部が活動を停止し、体温を低下させて食料の少ない冬を過ごす生態のことである。

冬は環境温度が低いので、体温を維持するには高い産熱が必要で、それには多くのエネルギーが必要となる。この矛盾を乗り越える生存の知恵が冬眠で、食料の少ない冬をのりきる。冬眠中の動物は変温動物的になって、体温は低下し、眠ったように動かずに時を過ごす。冬眠中のエネルギーは、冬眠に備えて蓄えたエネルギーでまかなう。冬眠する動物のサイズは、体重が10gに満たない小型のコウモリから体重数百kgになるホッキョクグマまで幅広い。

冬眠中の代謝量は冬眠前の基礎代謝量の14％程度にまで減少し、体温は環境温度より１～２℃高い温度にまで低下する。冬眠中の心拍数は毎分５～６拍にまで低下するが、血液の粘稠度の増加と血管収縮によって、血圧は十分な高さに維持される。呼吸数は毎分１回程度にまで落ちる。腎機能も極度に落ちるが、それでもわずかな尿の生成があり、周期的に排尿のために覚醒することがある。

冬眠動物の多くは数か月間穴の中にじっとしているが、この間定期的に数回目を覚ますことがある。目が覚めている長さは数時間から数日におよぶ。この期間中に老廃代謝物を排泄し、山鼠（ヤマネ）のように前もって穴の中に持ち込んでおいた食料を食べるものもいる。

覚醒は体内の多くの機能が協調して行われ、急に酸素消費が増え熱産生が増加する。これは、ふるえ、心臓の活動、褐色脂肪の代謝による。産生された熱は循環系を介して、それぞれの器官に順番に送られる。まず心臓、肺、脳に、次いで頭や胸にあるその他の組織に、最後に腹部や四肢に送られる。覚醒の初期には胸部と腹部には20℃にもおよぶ温度差が見られる場合がある。

第15章

宇宙における温度と熱

この章では、宇宙空間、太陽、太陽系の惑星の温度、宇宙船が大気圏に突入するときの発熱の理由、宇宙では宇宙服を着なければならない理由について述べる。

第1話

宇宙空間の温度は何度ぐらいか？

物質が何もない宇宙空間の温度はいったい何度なのだろうか？　その問いには、そもそも温度とは何かを考えてみる必要がある。物質が温度を持っているということは、その物質を構成している分子や原子が運動していることを表す。温度は分子や原子の運動の激しさの程度を示すからである。

ところが、宇宙空間では、原子や分子の存在が極めて希薄で、１ cm^3 当たり１個か２個なので温度の定義が成立しないと考える人もいる。宇宙空間のように分子の密度が極めて希薄で、分子の衝突がほとんどない場合に温度の定義を当てはめるのは適当でないという考え方である。ここでは、１ cm^3 当たり１個か２個しかない希薄な宇宙空間でも広い空間では温度の定義が成立すると仮定する。その場合に、私たちはその温度をどのように知ることができるだろうか？

宇宙空間には空気がないため地球上のように熱の伝導や対流が起こらない。熱の伝導と対流が起こるためには、固体、液体や空気のような熱を伝える物質が必要である。ところが、宇宙の物質がほとんどない真空の空間でも、放射だけで熱は移動する。放射は熱が光にかたちをかえた形で伝わる。太陽の表面温度は5800K程度である。温度の高い物質からは光（紫外線、可視光線、赤外線）が出ていて、それが地球にあたると熱の形に変化するので、私たちは太陽光を温かいと感じるのである。真空の宇宙空間ではこの放射によって熱が伝わる。

たとえば、私たち人間は36～37℃程度の体温であるが、その温度に見合った電磁波として、９～10 μm にピークをもつ遠赤外線を放射している。日常生活の中で、人体が赤外線を放射しているという感覚はないが、人が近づくと赤外線センサの付いた自動ドア、ライト、男子トイレの水洗などが反応するのは、人が赤外線を放射している証拠である。また、温度が低ければ低いほど放射する電磁波の波長は長くなるので、電磁波の波長を調べればその温度が分かる。波長が1 mm以下の電磁波は赤外線であるが、波長が1 mm以上の電磁波は電波である。

宇宙空間で、太陽のように熱源になるものが何もないところは、相当温度が低いと考えられる。実は、宇宙空間の温度はおよそ3 K（ケルビン）であることが分かっている。ケルビンは絶対温度の単位で、3 Kは摂氏に直すと－270℃である。それにしても、宇宙空間の温度はどのようにして分かったのだろうか？

それは偶然の産物によって発見された。1960年代半ば、アメリカのベル電話研究所で、ペンジアスとウィルソンは、アンテナで受信する電波からノイズを減らすための研究をしていた。その研究の過程で、アンテナをどの方向に向けても絶対に取り除くことができないノイズを発見する。彼らは、何とかこのノイズを除去しようと試みるが、どうしてもできなかった。いろいろと調べて行くうちに、このノイズは宇宙から届く電磁波ではないかという結論に達した。これが、後に宇宙マイクロ波背景放射とよばれるようになった電磁波である。

宇宙の初めにはビッグ・バンが起こったという説が一般的であるが、超高温だった宇宙が現在まで膨張して3 Kの低温になったと考えると合理的である。3 Kという温度は低すぎるように感じるが、太陽のような恒星の温度がいくら高くても、それぞれの星をとりまく星間はあまりにも広いので宇宙空間の温度が全体として低くなるものと考えられる。

まとめ　真空の宇宙空間では放射で熱が伝わるので、宇宙空間の電磁波を測定して温度が測定できる。1960年代に電波からノイズを減らすための研究中、アンテナをどの方向に向けても取り除くことができないノイズが発見された。このノイズは宇宙から届くマイクロ波だと分かり、そこから宇宙空間の温度はおよそ3K（－270℃）であることが分かった。

第2話

太陽の温度は何度ぐらいか？

太陽は、高温のガスでできている。ほとんどが水素で他にヘリウムなどがある。太陽の中心に半径10万kmの中心核があり、密度が1.56×10^5kg/m^{3}と水の150倍もある。圧力は2500億気圧、温度が1500万Kに達するため固体や液体ではなく気体のような性質を持つ。太陽が発する光のエネルギーは、この中心核において作られる。ここで熱核融合反応が起こり、水素がヘリウムに変換されている。１秒当たりでは約3.6×10^{38}個の陽子がヘリウム原子核に変化し、１秒間に430万トンの質量が3.8×10^{26}Jのエネルギーに変換されている。このエネルギーの大部分はガンマ線に変わり、ガンマ線は周囲のプラズマと衝突・吸収・屈折・再放射などの相互作用を起こしながら波長の長い電磁波に変換され、数十万年かけて太陽表面に達し、宇宙空間に放出される。

太陽は中心核・放射層・対流層・光球・彩層・コロナからなる。光球が可視光で地球周辺から太陽を観察した場合の視野角とほぼ一致するため、便宜上太陽の表面としている。それより内側は光学的に観測する手段がない。太陽半径を太陽中心から光球までの距離として定義する。

太陽の放射層は太陽半径の20－70%の所にあり、対流層は70－100%の所にある。その外側は光球とよばれ可視光などを放出し、太陽の見かけの縁を形成する。光球より下の層では密度が急上昇するため電磁波を通さないが、上の層では太陽光は散乱されることなく宇宙空間を直進するためこのように見える。

光球の層は厚さ300～600kmと薄い。光球表面から放射される太陽光のスペクトルは約5800Kの黒体放射に近い。比較的温度が低いため水素は原子状態で、これに電子が付着した負水素イオンになる。これが対流層からのエネルギーを吸収し、可視光を含む光の放射を行う。光球の粒子密度は約10^{23}個/m^{3}で、地球大気の密度の約１%に相当する。

光球よりも上の部分を総称して太陽大気とよぶ。太陽大気は電波から可視光線、ガンマ線にいたる様々な波長の電磁波で観測可能である。光球の表面には、大気ガスの対流運動がもたらす湧き上がる渦がつくる粒状斑・超粒状斑や、黒点とよばれる暗い斑点状や白斑という明るい模様が観察できる。黒点部分の温度は約4,000K、中心部分は約3,200Kと相対的に低いために黒く見える。

光球表面の上には厚さ約2,000kmの密度が薄く温度が約7000－10000Kのプラズマ大気層があり、この層からくる光には様々な輝線や吸収線が見られる。この領域を彩層とよぶ。この彩層ではさまざまな活発な太陽活動が観察できる。

彩層のさらに外側にはコロナとよばれる約200万Kのプラズマ層があり、太陽半径の10倍以上まで広がっている。コロナからは太陽引力から逃れたプラズマの流れである太陽風が出て海王星軌道までおよんでおり、オーローラの原因ともなる。コロナの太陽表面に近い低層部分では、粒子の密度は10^{11}個/m^3程度で、自由電子が光球の光を乱反射するが、輝度は光球の1/100万と低いため普段は見えない。皆既日食の際には白いリング状に輝くコロナが観察できる。

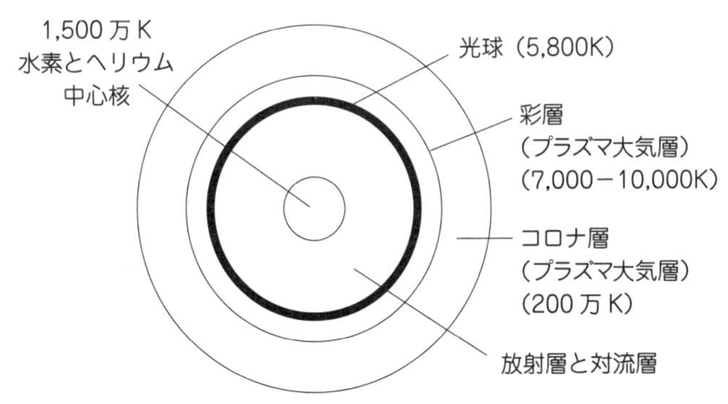

図15－1　太陽の構造と温度

> **まとめ**　太陽の中心では熱核融合反応が起こり、水素がヘリウムに変換され、圧力が2500億気圧、温度が1500万Kである。太陽の縁を形成している光球より外側の部分を太陽大気とよぶ。光球の温度は約5800Kで地球から観測される表面温度に当たる。光球では原子状の負水素イオンが内部の層からのエネルギーを吸収して光を放射している。

第3話

太陽系の惑星の温度は何度くらいか？

太陽系には太陽を中心として８個の惑星がある。惑星は太陽からの光を受けているので、太陽に近いほど表面温度が高くなる。惑星は外界とエネルギーのやり取りがあり、エネルギー的には開放系である。太陽からの放射を受けて温まり、温まった熱を赤外線で宇宙に放射している。

太陽に近い水星、金星、地球、火星の４個を内惑星、地球型惑星ともいう。地球型惑星は、いずれも地球と同様、主に岩石や金属など揮発しにくい物質からできている。外惑星と比べ、質量が小さく密度が高いことが特徴である。

水星には大気はほとんど存在しない。水星には地球と同程度の大きな鉄の核が存在する。水星全体では約70％が金属、30％が二酸化ケイ素でできている。水星の表面温度は平均179℃であるが、温度変化は－183℃～427℃である。大気がほとんどないので保温効果がなく、太陽の光が当たっていると温度が高いが、光が届かなくなると温度が低い。

金星は水星に次いで太陽に近い距離にある。大気は二酸化炭素が主成分で、わずかに窒素などがある。大気圧は地表で約90気圧にもなる。膨大な量の二酸化炭素によって温室効果が生じ、地表温度は平均400℃、最高500℃に達する。金星が太陽からの距離が水星よりも遠いのに地表温度が水星より高いのは、温室効果ガスである二酸化炭素が大量にあるからである。

地球には窒素と酸素を主成分とする大気があり、地表面の70％は液体の水（海）で覆われている。地表付近の成分は、酸素とケイ素が主体で、他にアルミニウム、鉄、カルシウム、ナトリウム、カリウム、マグネシウムなどの金属元素が含まれ、ほとんどは酸化物の形で存在する。中心部は鉄やニッケルが主体となっている。地球の平均気温は約15℃である。もし地球の大気に温室効果がなかったら、地球の平均気温は簡単な物理法則から約－19℃と計算される。

この差は地球の大気に二酸化炭素、メタンガスなどの温室効果ガスが含まれているため、地球の気温を上げていると考えられている。太陽からの距離が地球と近い月では、太陽の光が届くところでは温度が110℃となるが、光が届かないところでは－170℃となる。これは月には大気がほとんどないためである。

火星には二酸化炭素を主成分とし、わずかに窒素を含む大気が存在する。大気は希薄なため、熱を保持する作用が弱く、表面温度は平均－63℃、最高でも20℃である。火星の表面は主として玄武岩と安山岩から成っている。火星が赤く見えるのは、地表に酸化鉄が大量に含まれているためである。

火星の外側には4個の外惑星（木星、土星、天王星、海王星）が位置している。これを木星型惑星とよぶ。木星型惑星は大きいが密度は低い成分から成り、水素、ヘリウムを主成分とする大気をもっている。いずれも地球より直径で4倍以上、質量で10倍以上の大きさがあり、環と多数の衛星を持っている。

木星はほとんど水素とヘリウムでできていて、表面には水素を主成分とする厚い大気層がある。表面温度は平均－121℃である。その下は液体金属水素の層、中心は岩石の核となっている。土星も、木星と同様、ほとんどが水素とヘリウムでできていて、表面には水素を主成分とする厚い大気層がある。表面温度は平均－180℃である。その下は液体金属水素の層、中心は岩石の核となっている。土星の内部は高温で、核では12,000℃に達する。

天王星は、主にガスと多様な氷から成っている。大気には水素が約83%、ヘリウムが15%、メタンが2%含まれている。表面温度は平均－205℃である。内部は、岩石、酸素、炭素、窒素からできている。海王星も、主にガスと多様な氷からできている。厚い大気があり、氷に覆われた岩石の核を持っている。太陽から45億kmも離れているため、表面温度は平均－220℃である。

まとめ　太陽系の惑星は太陽に近いほど表面温度が高い。水星は太陽に一番近いが表面温度は平均179℃で、金星の平均400℃よりも低い。水星の大気が薄く、金星には二酸化炭素が大量に存在することによる。地球、火星、木星、土星、天王星、海王星の表面温度は15℃、－63℃、－121℃、－180℃、－205℃、－220℃と太陽から離れるほど低くなっている。

第4話

宇宙船が大気圏に突入するときなぜ発熱するのか？

気体は圧縮すると熱が発生し、膨張すると冷えるという性質がある。地球帰還時に秒速８km程度の超高速で大気圏に突入する宇宙船は、すごい勢いで前方の空気を圧縮する。その圧縮された空気中の分子同士が激しくぶつかり合って、今まで持っていた分子の運動エネルギーが膨大な熱に変化する。気体の圧縮によって熱が発生する過程を断熱圧縮という。このように、宇宙船が大気圏に突入するときの熱は空気との摩擦による熱ではない。

有人宇宙船では進行方向に対し斜めの姿勢をとるなどして大気で揚力を発生させて滑空して速度や高度を調整し、温度上昇を防ぐと同時に宇宙飛行士にかかる加速度を軽減する。軌道上を秒速８kmで進んでいた宇宙船は、大気に突入するとその先端部は空気を押しつぶすように圧縮する。この圧縮された空気は超高温になり10000Kを超えることもある。その高温によっていろんな波長の電磁波を放出するが、特にオレンジ色の光が目立つ。そのため、大気圏に再突入する宇宙船は、オレンジ色の火の車に乗って地球に帰還すると表現される。その時、空気中の酸素分子と窒素分子が解離、微量のアルゴン原子が電離する。解離した酸素と窒素原子は化学反応で一酸化窒素を生成する。図15－２に宇宙船が大気圏に突入するときの様子を示す。

NASA が公開した宇宙船Orionの大気圏再突入時の映像によると、超高温で発生するプラズマの光やパラシュートが開く様子、太平洋への着水までを宇宙飛行士の視点で収めている。時速３万2000kmで大気圏に突入すると、はじめは黒かった宙空にしだいに光が生じる。やがて激しく揺らめくプラズマとなり、黄色味を帯びた白色から濃い赤、そして金色へと変化する。プラズマが消え去ると、機体はゆるやかに回転しながら高度を下げ、数分後には空が青色に変化する。これは空気の分子が太陽光をレイリー散乱する現象で、地上から見るのと同じ青空である。高度7,000mまで降下したところでOrionはパラシュートを開き、最終的には時速32km前後で着水している。

アポロ宇宙船の頃から、再突入時に宇宙船が電離したプラズマに囲まれている間は電波障害のため外部との通信が不可能となっていた。データ中継衛星の整備後は再突入時でも、プラズマの希薄な機体上方のアンテナを使って、静止軌道のデータ中継衛星を介した通信が可能となった。

再突入時に宇宙船は加熱され、先端から溶けてアブレージョンが起こる可能性がある。アブレージョンとは材料の表面が蒸発、侵食により分解する現象である。アブレージョンを防ぐためにアポロ指令船の底面には熱容量の大きなポリカーボネート樹脂で、また、スペースシャトルでは耐熱タイルで覆われている。しかし、2003年のコロンビア号の事故では、耐熱タイルの脆性による剥離が原因で再突入時に空中分解し、乗組員7名全員が死亡する原因となった。

大気圏再突入は宇宙開発の最終的な技術の難関で、熱防禦技術は未だ成熟していない。低軌道の人工衛星などで、回収の必要がないものやできないものは、役目を終えるとスペースデブリの発生源にならないように再突入させる。この場合は故意に突入角度を深く取り、地表に落下する前に燃え尽きるようにする、破片が残っても海などへ落下させることなどが求められる。

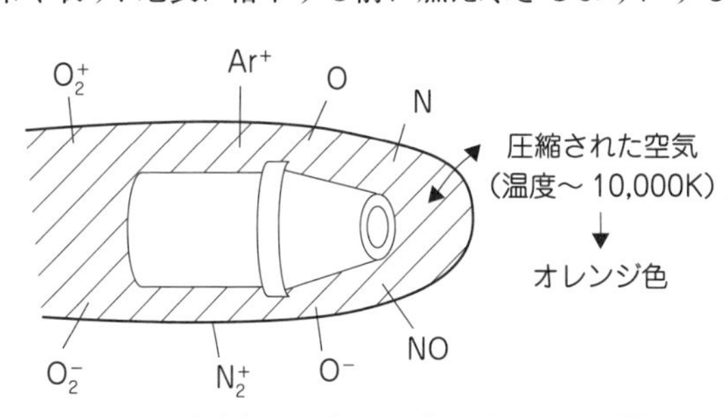

図15-2　宇宙船が大気圏に突入するときの様子

まとめ　地球帰還時に超高速で大気圏に突入する宇宙船は、前方の空気を強く圧縮し、空気分子の運動エネルギーが熱に変わる。圧縮された空気は1万Kを越える超高温状態になり、空気の分子を解離・電離し、オレンジ色の光を発する。大気圏再突入時の熱防禦に耐熱材料が使われているが、その技術は未だ十分には成熟していない。

第5話

宇宙では宇宙服を着なければならないのはなぜか？

人間が宇宙船から宇宙服を着ないで宇宙空間に出たと仮定する。そうすると、超高真空、極低温、強い紫外線、太陽風や宇宙線などの放射線の環境に曝されることになる。そうすると、窒息、チアノーゼ（減圧症）、太陽光線による火傷、放射線被曝、凍傷などにより死亡すると考えられる。

まず宇宙空間では空気がないから息が出来なくなる。そして、潜水病と同じチアノーゼ（減圧症）になる。チアノーゼとは、血液中に溶けている窒素が気化して毛細血管に詰まり、全身の組織（脳、内蔵、筋肉）が壊死していく現象である。体にかかる圧力が急激に下がることで起きる。そして、太陽からの直射日光で火傷する。宇宙線や太陽風、また太陽からの放射線で被曝の症状が出る。ここでの被曝の症状は、急性放射線障害のことで、皮膚の組織が細胞レベルで破壊され、火傷と同じような状態になる。

宇宙服は、宇宙飛行士が宇宙空間で安全に作業するための生命維持装置を備えた気密服で、圧力制御、温度制御、呼吸制御を行っている。

図15－3に宇宙服の状態を示す。圧力制御では、宇宙服の内側から外へ物質が出ないようにするとともに、飛んでくる宇宙塵や気圧差に耐えられる強度が要求される。内部が１気圧で活動できる大気圧宇宙服も検討された。船外に出る際に与圧の必要がない利点がある。しかし、大気圧宇宙服は重量が300～500kgもあり重すぎるためこのタイプの宇宙服は用いられていない。現在アメリカの宇宙服は内圧が0.3気圧、ロシアの宇宙服は0.4気圧で、宇宙飛行士は船外活動の前に、何時間もかけて少しずつ低い圧力に慣れる必要がある。

温度制御では、宇宙服内にチューブを張り巡らせた冷却服を着用し、冷却水を通す。冷却する理由は、人体の発熱にある。通常の衣服では人体から発生した熱は衣服内の空気を暖め、暖かい空気は対流で外へ逃げるが、閉鎖系である宇宙服では、暖められた空気を外に出せないため、熱が逃げない。宇宙服の内部に熱がたまると温度が上がって、危険になる。また、宇宙空間は太陽の光が当たっているところは100℃以上、当たっていないところは－100℃以下と大きな温度差があり、断熱性と温度制御が求められる。そのためチューブの中に冷却水を通して宇宙服の中を強制的に冷やし、温度制御している。

呼吸制御では、呼吸制御装置により酸素の供給を行う。人間は呼吸代謝により酸素を取り込み二酸化炭素を排出する。呼吸制御装置では、人間の呼吸で増えた二酸化炭素をカートリッジで吸い取り、減少した分だけ酸素を酸素ボンベから人間に送るようになっている。

船外活動時、宇宙服内は0.3～0.4気圧の圧力が与えられているが、周囲は真空のため、服がパンパンに膨らみ身動きがかなり大変である。アレクセイ・レオーノフが史上初めて宇宙遊泳を行った際、宇宙服が風船のように膨張したため命綱をたぐり寄せて船内に戻るのが予想以上に困難だった。NASAで船外活動に用いられている宇宙服EMUは、宇宙服本体と背中に背負う生命維持システム、TVカメラと照明装置からなる。NASAのEMUは、運用圧力が0.3気圧、重量約120kg、活動時間はおよそ7時間程度である。

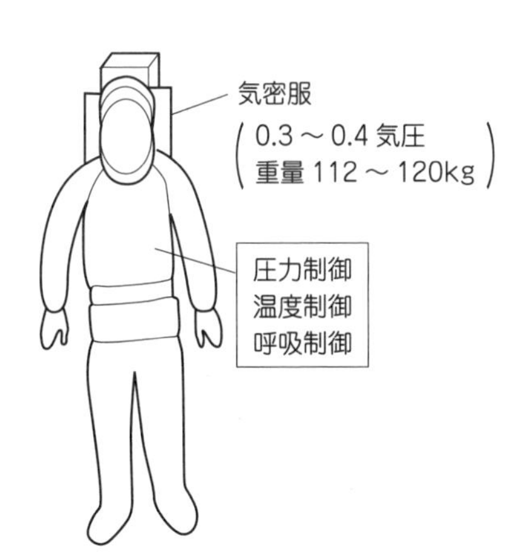

図15-3　宇宙服の状態

まとめ　宇宙空間では、超高真空、極低温、強い太陽光、太陽風や宇宙線からの放射線など過酷な環境で宇宙服なしでは生きられない。宇宙服は宇宙空間で生存するための装置を備えた気密服で、圧力制御、温度制御、呼吸制御を行っている。内圧を0.3～0.4気圧に制御し、冷却水を通して内部を温度制御し、呼吸制御装置により酸素の供給を行っている。

コラム　DSC（示差走査熱量計）とは？

DSCとは、物質の融解や凝固、ガラス転移、結晶化、相変化などの熱的現象を測定する装置である。DSCの装置構成を図15-4に示す。試料と基準物質をヒーター内の対称の位置に配置し、ヒーターを温度プログラムに従って変化させ、試料と基準物質に設置した熱電対で温度差を計測する。基準物質にはアルミナなど温度に対して相変化がない物質を選ぶ。測定では外部のヒーターで一定の昇温速度で温度を上げる。途中まで試料に熱変化がなければ試料と基準物質との間に温度差が生じない。もし、試料がある温度で融解すると、試料では融解が終わるまで温度は一定となるが、基準物質側ではそのまま温度上昇を続けるので両者の間に温度差が生じる。融解が終了するとまた元の温度上昇曲線に戻り温度差はほとんど生じなくなる。図15-5にDSCの熱変化の信号を示す。融解は吸熱の反応なので図15-5ではグラフの下側にピークが見える。もし、試料に反応熱など発熱の反応があると、温度差の信号が上側に出て、図15-5では高温側に示してある。DSCでは温度差の信号を予め較正して熱流の単位（W）になっているので、吸熱や発熱の面積からその熱量を知ることができる。

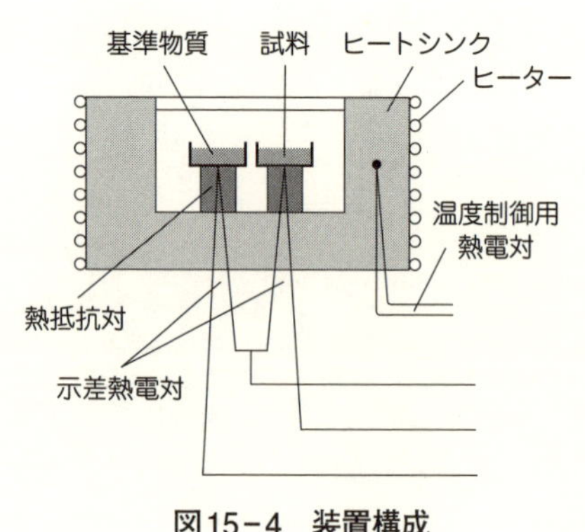

図15-4　装置構成

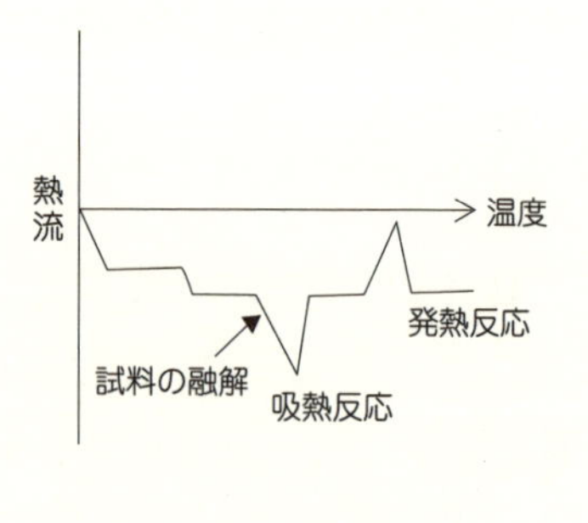

図15-5　DSCの熱変化信号

■著者略歴

稲場　秀明（いなば　ひであき）

1942年　富山県滑川市生まれ
1965年　横浜国立大学工学部応用化学科卒業
1967年　東京大学工学系大学院工業化学専門課程修士修了後
ブリヂストンタイヤ（株）入社
1970年　名古屋大学工学部原子核工学科助手、助教授を経る
1986年　川崎製鉄（株）技術研究所主任研究員
1997年　千葉大学教育学部教授
2007年　千葉大学教育学部定年退職（工学博士）

主な著書
『氷はなぜ水に浮かぶのか』科学の眼で見る日常の疑問（丸善　1998年）
『携帯電話でなぜ話せるのか』科学の眼で見る日常の疑問（丸善　1999年）
『大学は出会いの場』―インターネットによる教授のメッセージと学生の反響（大学教育出版　2003年）
『反原発か、増原発か、脱原発か』―日本のエネルギー問題の解決に向けて（大学教育出版　2013年）
『エネルギーのはなし』科学の眼で見る日常の疑問（技報堂出版　2016年）
『空気のはなし』科学の眼で見る日常の疑問（技報堂出版　2016年）
『色と光のはなし』科学の眼で見る日常の疑問（技報堂出版　2017年）
『水の不思議』科学の眼で見る日常の疑問（技報堂出版　2017年）

趣味　テニスと囲碁
千葉市花見川区在住（hsqrk072@ybb.ne.jp）

温度と熱のはなし
――科学の眼で見る日常の疑問――

2018年2月28日　初版第1刷発行

■著　　者―― 稲場秀明
■発 行 者―― 佐藤　守
■発 行 所―― 株式会社 大学教育出版
〒700－0953　岡山市南区西市855－4
電話（086）244－1268（代）　FAX（086）246－0294
■D　T　P―― 難波田見子
■印刷製本―― モリモト印刷（株）

ISBN978－4－86429－490－4